Die Edelmetalle

Eine Übersicht über ihre Gewinnung
Rückgewinnung und Scheidung

von

Wilhelm Laatsch
Hütteningenieur

Mit 53 Textabbildungen
und 10 Tafeln

Berlin
Verlag von Julius Springer
1925

ISBN-13: 978-3-642-90008-2   e-ISBN-13: 978-3-642-91865-0
DOI: 10.1007/978-3-642-91865-0

Alle Rechte,
insbesondere das der Übersetzung in fremde Sprachen, vorbehalten.
Copyright 1925 by Julius Springer in Berlin.
Softcover reprint of the hardcover 1st edition 1925

Vorwort.

In vorliegendem Buch hat der Verfasser das Wichtigste zusammengefaßt, was die Gewinnung, Rückgewinnung und Scheidung der Edelmetalle anbetrifft.

Die Gewinnung der Edelmetalle ist in den meisten Werken über Metallhüttenkunde mehr oder weniger genau beschrieben; über spezielle Verfahren, wie z. B. über die Zyanidlaugerei des Goldes, sind verschiedene Schriften erschienen, in einigen Lehrbüchern über Elektrochemie finden sich Kapitel über elektrolytische Edelmetallraffination, die meist mehr Theorie als Praxis bringen, in manchen Büchern über chemische Technologie wird auch die Säurescheidung kurz gestreift; über Platinscheidung schreibt die Literatur sehr wenig, es sei denn, daß in einigen Werken über analytische Chemie diesbezügliche analytische Methoden angegeben werden, die meist auch für etwas größere Substanzmengen anwendbar sind.

Über die Rückgewinnung von Edelmetallen aus ihren Abfällen und Rückständen findet man in der Literatur fast gar nichts, nur die Rückgewinnung aus photographischen Rückständen ist in einer älteren Schrift ausführlicher behandelt.

In diesem Buch ist das in der Literatur zerstreute Material zusammengefaßt worden, und zwar so weit, als es für die heutige Praxis Interesse bietet. Manche kurze Literaturnotiz ist besonders auf ihre praktische Verwendbarkeit geprüft worden, um dann ausführlicher angeführt zu werden. Was für die Praxis kein Interesse bot, ist fortgelassen worden. Weniges konnte aus Zeitmangel nicht berücksichtigt werden. Teilweise ist auch Geheimhaltung verlangt worden.

Die Rückgewinnung der Edelmetalle und verschiedene Kapitel der Edelmetallscheidung dieses Buches dürften wohl zum erstenmal Eingang in die Fachliteratur gefunden haben.

Es ist somit das Wissenswerteste in diesem Buch vereinheitlicht worden, aber trotzdem kann das Buch keinen Anspruch auf Vollständigkeit oder besondere Ausführlichkeit machen. — So ist z. B. von der praktischen Legierungstechnik nicht viel, von der Verarbeitung zu Halbfabrikaten und von den Edelmetallpräparaten nichts gesagt worden. Doch ist der Weg, der zum reinen Metall führt, in genügender Genauigkeit angeführt.

An Abbildungen ist genügend geboten, und zwar in einer anschaulichen Art, um auch dem Interesse von Nichtmetallurgen gerecht zu werden. — Bei einigen chemischen Vorkenntnissen wird das Buch auch in den Kreisen der mechanisch Edelmetall verarbeitenden Industrie sicherlich Interesse erwecken.

Bei freundlicher Aufnahme des Buches wird der Verfasser versuchen, das Thema bei einer etwaigen neuen Auflage viel ausführlicher zu behandeln, und wäre deshalb für jede Anregung aus dem Leserkreise außerordentlich dankbar.

Dampfer Crefeld, im Golf von Biscaya,
    den 16. März 1925.

Der Verfasser.

Inhaltsverzeichnis.

I. Die Gewinnung der Edelmetalle.

Seite

Die Lagerstätten der Edelmetalle 1
   Die Silbererze und ihre Lagerstätten 1
   Die Golderze und ihre Lagerstätten. 2
   Die Platinerze und ihre Lagerstätten 3
Die Eigenschaften der Edelmetalle 4
   Die Eigenschaften und wichtigsten Reaktionen des Silbers . . . 5
   Die Eigenschaften und wichtigsten Reaktionen des Goldes . . . 6
   Die Eigenschaften und Reaktionen des Platins und der Platinmetalle 7
      Platin S. 7. — Iridium S. 8. — Palladium S. 8. — Rhodium
      S. 9. — Osmium S. 9. — Ruthenium S. 9.
Die Probierverfahren 9
   Die Probenahme von Metallen 9
   Die Probenahme von Erzen 10
   Die Probenahme von Gekrätzen 10
   Silberbestimmungen 10
      Die Gay-Lussacsche Silbertitration S. 10. — Die Volhardtsche
      Silbertitration S. 11. — Die trockenen Silberproben S. 12.
   Goldbestimmungen 13
      Die trockenen Goldproben S. 13. — Die Güldischproben S. 14.
      — Die Goldprobe mit Kadmium S. 15. — Goldtitration mit
      Ferrosulfat S. 15.
   Platinbestimmungen 16
   Erz-, Gekrätz- und Aschenproben 17
      Die Tiegelprobe S. 17. — Die Ansiedeprobe S. 17.
Die Legierungen der Edelmetalle 18
   Die Systeme 18
      Das System Blei-Silber S. 18. — Gold-Silber S. 19. — Silber-
      Kupfer S. 20. — Au-Cu, Pt-Cu, Pt-Au, Pd-Au S. 21. — Blei-
      Zink S. 21. — Blei-Kupfer S. 21. — Blei-Gold S. 22.
   Die Gleichgewichtslehre 22
Die Gewinnung des Silbers 23
   Amalgamation ohne weitere Zusätze 23
   Amalgamation mit Zusätzen 24
      Der Patio-Prozeß S. 24. — Das Krönke-Verfahren S. 24. —
      Der Washoe-Prozeß S. 24. — Röstverfahren S. 25.
   Die Zyanidlaugerei 26
   Das Patera-Hofmann-Verfahren 26
   Die Silbergewinnung durch Verkupferung und aus Kupfererzen . 26
      Die wichtigsten Kupfererze und der Kupferhüttenprozeß
      S. 26. — Die Freiberger Schwefelsäurelaugerei S. 30. — Der
      Ziervogelprozeß S. 30. — Die elektrolytische Raffination und
      Entsilberung des Kupfers S. 31. — Die Behandlung der
      Anodenschlämme S. 32.

	Seite
Die Silbergewinnung durch Verbleien und aus Bleierzen	33

Die wichtigsten Bleierze und der Bleihüttenprozeß S. 33 (Das Röstreaktionsverfahren, das Niederschlagsverfahren, das Röstreduktionsverfahren). — Die Entsilberung des Werkbleis S. 36 (Der Pattinson-Prozeß, die Abzapfarbeit von Luce Rozan, die Zinkentsilberung, die Entsilberung des Zinkschaumes, der Treibprozeß, die elektrolytische Raffination und Entsilberung von Werkblei).

Die Gewinnung der Edelmetalle aus den Anodenschlämmen	45
Die Gewinnung des Goldes	47
Die Amalgamation	48
Zyanidlaugerei des Goldes	50

Die ältere Arbeitsweise S. 50. — Die neuere Arbeitsweise S. 52. — Die Fällungsverfahren S. 53 (Zinkfällung, Aluminiumfällung, elektrolytische Fällung).

Anreicherung von Golderzen durch Ölschwimmverfahren	54
Die Chloration	54

II. Die Rückgewinnung der Edelmetalle.

Die Altmaterialien und Abfälle	55
Die Schmelzöfen	56

Die Koksöfen S. 56. — Die Gasöfen S. 56. — Die Ölöfen S. 59. — Die kippbaren Tiegelöfen S. 59. — Die Flammöfen S. 59. — Die elektrischen Öfen S. 59.

Die Tiegel	62
Das Einschmelzen von Metallen	63
Raffinierendes Einschmelzen von Edelmetallen	64
Verschlackendes Einschmelzen von Edelmetallen	65
Die Präparation der Gekrätze	66
Die Analyse der Gekrätze	68
Verschlackendes Schmelzen unter Aufnahme der Edelmetalle in metallischen Lösungsmitteln	69

Die Verkupferung S. 69. — Die Versilberung S. 70. — Die Verbleiung S. 70.

III. Die Scheidung der Edelmetalle.

Die Einteilung der Legierungen	71

Blicksilber S. 71. — Kupferhaltiges Werksilber S. 71. — Güldisches Kupfer S. 71. — Goldscheidegut S. 72. — Platinscheidegut S. 72.

Die Affination	72
Die Quartation	73
Von Blicksilber	73
Von kupferhaltigem Silber	74
Die Goldscheidung mit Säure	77
Die elektrolytische Silberraffination	79
Das Dietzel-Verfahren	84
Das Verfahren von Dr. Carl	85
Die elektrolytische Raffination des Goldes	86
Mit Gleichstrom	86
Mit asymmetrischem Wechselstrom	87
Die Platinaffinerie	88

Anhang: Zustandsdiagramme Tafel I—X.

I. Die Gewinnung der Edelmetalle.

Die Lagerstätten der Edelmetalle.

Die Silbererze und ihre Lagerstätten.

Silber findet sich in gediegenem Zustande bei Temismaking in Kanada sowie in geringeren Mengen bei Kongsberg in Norwegen und in Peru.

Vererztes Silber findet sich als Hornsilber AgCl (Chile), als Silberkupferglanz $Ag_2S \cdot Cu_2S$, helles Rotgültigerz $As_2S_3 \cdot 3 Ag_2S$, dunkles Rotgültigerz $Sb_2S_3 \cdot 3 Ag_2S$, Arsen oder Antimonfahlerz $Sb_2S_3 \cdot As_2S_3 \cdot 4 RS$, worin R wechselnde Mengen Silber, Quecksilber, Zink und Eisen bedeutet. Ferner ist fast jeder Bleiglanz (PbS) silberhaltig (0,01—1%) und stammen die Hauptmengen des gewonnenen Silbers aus diesem. Weiter findet sich oft Silber in geringen Mengen in Kupfererzen und schließlich ist auch alles in den Goldminen gewonnene Gold silberhaltig.

Deutschland hatte im Jahre 1922 nach einem veröffentlichten Bericht der Firma Jakob & Scheidt, A.-G., Berlin, eine Produktion von 110 t Silber. Wieviel davon die einzelnen deutschen Lagerstätten lieferten, läßt sich nicht feststellen. In Deutschland gewinnt man Silber in den oberschlesischen Bleizinkerzlagerstätten, in rheinischen Bezirken und im Harz. Die Lagerstätten des Schwarzwaldes und des Erzgebirges haben nur geringere Bedeutung und der Freiberger Silberbergbau ist fast gänzlich eingestellt. Von den rechtsrheinischen Lagerstätten sind im speziellen die Gänge des Bergischen Hügellandes, der Holzappeler Gangzug, der Emser Gangzug und die Erzgänge von Ramsbeck von Bedeutung. Im linksrheinischen Bezirk ist die Aachener Lagerstätte und die von Mechernich erwähnenswert.

Was die Lagerstätten der Welt anbetrifft, so ist Mexiko das silberreichste Land. 1922 betrug seine Produktion etwa 2530 t Silber neben 23,3 t Gold. Als Silberdistrikte gelten Pajoca und Real del Monte, 90 km nordöstlich Quanajato, Veta Madre, 275 km, Zakatecas und Veta Grande, 525 km nordwestlich von der Stadt Mexiko, ferner Tresnillo im Staate Zakatekas, Catorza im Staate San Luis Potosi und Santa Eulalia im Staate Chihuahua.

Von den süd- und mittelamerikanischen Ländern sind zu erwähnen Bolivien und Chile mit 160 t, Peru mit 387 t, Kolumbien mit 16 t, Argentinien und Ekuador mit je $1\frac{1}{2}$ t Silberproduktion im Jahre 1922.

Reiche Silbererze mit etwas Kies, sehr wenig Zinkblende und Bleiglanz liefert die Gold-Silberlagerstätte des Tonopah-Silberfeldes in Nevada. Die Jahresproduktion beträgt etwa 225 t Silber.

Die Silbererzlagerstätten von Temismaking in Kanada liefern neben wenig Nickel-, Kobalt- und Wismuterzen viel gediegenes Silber. Die aufbereiteten Erze kommen mit 4 bis manchmal 25% Silber zum Versand.

Zu nennen sind noch die Lagerstätten von Broken-Hill in Neusüdwales, welche bisher deutschen Hütten bedeutende Blei- und Silbererze lieferten.

Die Golderze und ihre Lagerstätten.

Das meiste Gold findet sich in gediegenem Zustande, und zwar auf primärer Lagerstätte. Durch die zerstörende Wirkung des Wassers wurde ein Teil solcher Lagerstätten abgebaut und ihr Gold durch den natürlichen Schlemmprozeß in Flußsanden und sonstigen Ablagerungen angereichert. Diese sekundären Lagerstätten sind zwar leicht auszubeuten, liefern aber nur einen geringen Teil der Goldproduktion. Neben dem freien Golde findet es sich auch vererzt und dann zumeist an Tellur und Arsen gebunden oder in Kiesen eingeschlossen, wie z. B. im Sylvanit $AuTe_2 \cdot AgTe_2$ und Nagyagit $Au + Te$, Sb, Pb. In geringen Mengen ist Gold im Arsenkies anzutreffen, Spuren finden sich fast in jedem Schwefelkies, Blei- und Kupfererz.

Die deutsche Goldgewinnung beschränkt sich auf die geringen Vorkommen im Arsen- und Schwefelkies, Blei- und Kupfererz; was sonst noch an Gold produziert wird, stammt aus ausländischen Erzen, Konzentraten und Zwischenprodukten, einige Mengen ferner aus den Rückständen der eigenen nicht unbedeutenden Goldwarenindustrie.

Etwa ein Fünftel der Weltgoldproduktion liefern die Vereinigten Staaten von Nordamerika. Im Jahre 1922 hatte die Produktion einen Wert von etwa 200 Mill. Goldmark. Bei Cripple Creek im Staate Kolorado befindet sich ein Golderzlager, welches 1922 für etwa 25 Mill. Goldmark Gold lieferte. Das Erz enthält durchschnittlich 50 g pro Tonne und tritt das Gold meist an Tellur gebunden auf. Dagegen findet man im Goldfield von Nevada das Gold zu 95% im freien Zustande, der Rest ist an Schwefelkies gebunden. Der Goldgehalt dieser Erze beträgt etwa 150 g pro Tonne, die Ausbeute belief sich 1922 auf etwa 14 Mill. Goldmark.

Umfangreiche und bedeutende Lagerstätten sind die kalifornischen. Das Gold findet sich hier teils frei, teils an Schwefelkies gebunden vor. Die sekundären Felder dieser Lagerstätten enthalten etwa 150 g Gold pro Tonne, doch sind die meisten bereits ausgebeutet. Der primäre Goldgang, der in paläozoischen Schiefern auftritt, enthält nur den zehnten Teil hiervon in einer Tonne. Die kalifornische Goldproduktion beläuft sich auf etwa 65 Mill. Goldmark jährlich.

Die bedeutenden Goldvorkommen in Alaska sind wegen der kurzen Sommer schwierig auszubeuten, auch sind diese Seifen häufig mit beträchtlichen Schichten wasserreichen Torfes bedeckt. Die Jahresproduktion hat einen Wert von etwa 30 Mill. Goldmark.

In Mexiko sind eigentliche Golderzlagerstätten wenig vorhanden, nur die Minas Prietas und El Oro liefern übliches Golderz, sonst sind es goldreiche Silbererze, welche mit ersteren zusammen eine jährliche Goldproduktion von 65 Mill. Goldmark ausmachen.

Die russische Goldproduktion repräsentierte vor dem Kriege einen Wert von etwa 175 Mill. Goldmark jährlich, wovon die sibirischen Seifen das meiste lieferten. 1922 wurde für ca. 13 Mill. Goldmark Gold produziert. Die primären Lagerstätten des Uralgebirges sind weniger ausgebeutet und viele andere Lagerstätten harren noch ihrer Erschließung.

Das meiste Gold wird in Transvaal gewonnen. Dieses Land lieferte jährlich Gold für einen Betrag von etwa 600 Mill. Goldmark, wovon fast alles auf primärer Lagerstätte gewonnen wird, die sich von den kristallinen Schiefern archäischen Alters über die Konglomerate der altpaläozoischen Witwatersandformation bis zur devonischen Kapformation erstreckt. Das Gold findet sich hauptsächlich im Bindemittel der aus Quarzgeröllen bestehenden Konglomerate und ist zum kleinen Teil an Schwefelkies gebunden. Der Goldgehalt des ausgeklaubten Bindemittels beläuft sich auf etwa 18 g pro Tonne.

Von den australischen Lagerstätten, welche insgesamt für 80 Mill. Mark Gold jährlich liefern, sind die westaustralischen die bedeutendsten und ist das Gold meist an Tellur gebunden. Zu nennen sind ferner noch die Lagerstätten von Neuseeland, Bendigo und Vaverley.

Die Platinerze und ihre Lagerstätten.

Deutschland besitzt keine ausbeutbaren Platinerzlagerstätten. Einige wenige Vorkommen haben nur geologisches Interesse. Die goldführenden Sande des Rheines und des Harzgebirges enthalten etwas Platin.

Der größte Platinlieferant der Welt ist Rußland. Etwa 95% der Weltproduktion an Platin entstammen russischen Seifen. Das Platin findet sich gediegen, aber stets mit den übrigen Platinmetallen sowie mit Eisen und wenig Kupfer legiert in den Flußbetten und Ablagerungen des Uralgebietes als kleine Körnchen, zuweilen auch größere Klumpen. Die Lagerstätten sind meist mit Geröll, Felsblöcken und auch Torfablagerungen bedeckt und enthalten im Durchschnitt etwa 4 g Platinerz pro Tonne. Das Platinerz wird durch einfache Schlemmprozesse gewonnen. Das Platin der primären uralischen Lagerstätten, wie es sich in Olivingesteinen vorfindet, ist vorläufig noch nicht abbauwert.

Das in den Seifen gewaschene Platinerz enthält 70—85% Platin. Die Analyse eines kleinen Klumpens von 50 g Gewicht ergab 85,2% Platin, 2,0% Iridium, 0,6% Palladium, 0,6% Osmium, ca. 0,3% Rhutenium, 10,5% Eisen, 1,2% Osmiridium, Spuren Gold, Kupfer und Chrom.

Brasilien, Kolumbien und Mexiko liefern gleichfalls ein wenig Platinerz. Etwas platinhaltig sind die goldführenden Sande von Kalifornien und Kanada und die Nickelerzlager von Sudbury, Ontario, Kanada. Schließlich ist Platin spurenweise in vielen Silbererzen vorhanden.

Nach K. A. Hofmann verteilte sich die Platinproduktion im Jahre 1910 wie folgt: Rußland 9000 kg, Kolumbien 300 kg, Kalifornien 10 kg. — Etwa 10 kg Platin dürfte anderen Quellen entstammen. Nachkriegsangaben fehlen.

Von den Platinmetallen findet sich das Iridium, auch ohne an Platin oder Osmium gebunden zu sein, in kleinen unreinen Körnchen vor. Selten findet man es als Osmiridium, das mit wenig eigentlichem Platinerz vermischt ist. Ein solches Erz war z. B. mit nur 48% in Königswasser löslich, während der Rest von 52% aus unlöslichem Osmiridium bestand. — Palladium findet sich außer im russischen Platinerz auch in den brasilianischen Goldfeldern als geringe Beimengung, in sehr geringen Mengen auch im Selenblei des Harzes und schließlich auch spurenweise in nicht wenigen Blei- und Silbererzen. — Rhodium findet sich in geringer Menge im mexikanischen Gold. — Ruthenium und Osmium finden sich als der seltene Laurit (Ru, Os)S_2 auf der Insel Borneo.

Die Eigenschaften der Edelmetalle.

Die Eigenschaften und wichtigsten Reaktionen des Silbers.

Das Silber ist ein schönes Edelmetall von weißem Glanz, es ist leicht polierbar, weich und dehnbar. Es läßt sich zu einer Folie von nur 0,0025 mm Stärke ausschlagen und läßt dann das Licht mit grünblauer Farbe durch. Sein Schmelzpunkt liegt bei 962°C, sein Siedepunkt bei etwa 1950°C, doch verflüchtigt es sich schon merklich bei niederer Temperatur. Sein Atomgewicht ist 107,88 (bezogen auf Sauerstoff = 16), sein spezifisches Gewicht 10,5, seine spezifische Wärme 0,06. Es leitet die Elektrizität und Wärme am besten von allen Metallen. Seine Wärmeleitfähigkeit beträgt bei 0°C 1,096 Wärmeeinheiten und sein spezifischer elektrischer Widerstand 0,017 Ohm. Die Wertigkeit des Silbers ist 1. Ein Ampere scheidet in einer Stunde 4,025 g Silber aus.

Schmilzt man Feinsilber unter Luftzutritt, so kann 1 kg Silber etwa 2000 cm³ Sauerstoff aufnehmen, wodurch sein Schmelzpunkt um etwa 5,5° herabgesetzt wird. Beim Erstarren entweicht der Sauerstoff unter Spratzen.

Silber löst sich leicht in konzentrierter heißer Schwefelsäure unter Bildung von schwefliger Säure:

$$2Ag + 2H_2SO_4 = Ag_2SO_4 + SO_2 + 2H_2O.$$

Silbersulfat dient unter anderem zum Feinen wismuthaltigen Silbers. Man vermischt solches mit Silbersulfat und Sand. Die beim Schmelzen entweichende Schwefelsäure wirkt stark oxydierend und das Wismut verschlackt als Silikat. Silbersulfat zersetzt sich erst bei 812°. Auf diese Eigenschaft stützt sich der Ziervogelprozeß der Mansfelder Hütten. In Wasser ist es schwer löslich. 1 Teil Ag_2SO_4 löst sich bei 100°C in 69 Teilen Wasser.

In nicht zu konzentrierter Salpetersäure löst sich Silber unter Entwicklung von Stickoxyd:

$$3Ag + 4HNO_3 = 3AgNO_3 + NO + 2H_2O.$$

Silbernitrat ist nicht hygroskopisch, aber in Wasser leicht löslich. Die Löslichkeit ist abhängig von der Temperatur und aus der Kurve in Abb. 1 leicht ersichtlich. In konzentrierter Salpetersäure löst sich Silbernitrat schwer. Aus nicht zu verdünnter wässeriger Lösung läßt es sich durch konzentrierte Säure als Kristallpulver ausfällen. Man sollte daher zum Lösen keine konzentrierte Säure benutzen. Salzsäure und lösliche Chloride fällen das Silber aus seinen Lösungen als weißes, käsiges Chlorsilber:

$$AgNO_3 + HCl = HNO_3 + AgCl.$$

Chlorsilber ist in verdünnter Salpetersäure unlöslich. 1 l Wasser löst nach K. A. Hofmann bei 18° $1,17 \cdot 10^{-5}$ Gr.-Mol., bei 25° $1,6 \cdot 10^{-5}$ Gr.-Mol. Chlorsilber auf. Durch überschüssige Chlor- oder Silber-Ionen wird die Löslichkeit entsprechend dem Massenwirkungsgesetz zuerst herabgesetzt; höhere Konzentrationen an Chloriden wirken durch Doppelsalzbildung lösend: so z. B. löst sich 1 Teil AgCl bei gewöhnlicher Temperatur in 2122 Teilen gesättigter KCl-Lösung, in 1050 Teilen gesättigter NaCl-Lösung (benutzt zum Auslaugen von Chlorsilber aus Erzen und Rückständen), in 634 Teilen gesättigter NH_4Cl-Lösung und in 584 Teilen gesättigter MgCl-Lösung. Auch konzentrierte Silbernitratlösung löst Chlorsilber auf, z. B. eine 66%-AgNO-Lösung bei 90° für je 100 g $AgNO_3$ 0,8 g AgCl (K. A. Hofmann). — Chlorsilber ist auch in Königswasser beträchtlich löslich. Löst man z. B. silberhaltiges Gold in Königswasser, so geht ein Teil des gebildeten Chlorsilbers in Lösung und fällt

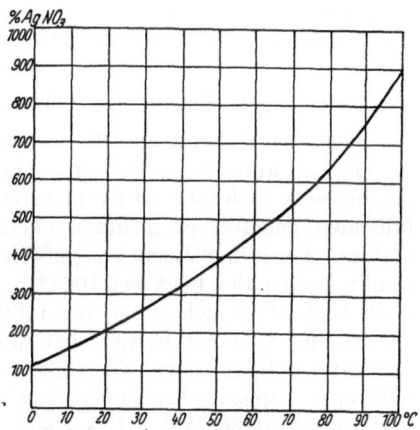

Abb. 1. Löslichkeitskurve für Silbernitrat.

erst beim Abkühlen und Verdünnen der Lösung mit Wasser wieder aus. Kupfer, Zink, Aluminium usw. fällen Silber aus seinen sauren Lösungen als schlammiges Pulver. Aluminium reduziert (in Nitratlösung) langsamer als die anderen Metalle und fällt daher das Silber in gröberen Kristallen. Kocht man Fällsilber behufs Reinigung in Salzsäure, so bildet sich Chlorsilber, das in Lösung geht und beim Verdünnen mit Wasser wieder ausfällt.

Chlorsilber löst sich leicht in Ammoniak und Natriumthiosulfat unter Bildung von Doppelsalzen $Ag(NH_3)Cl \cdot AgCl$, bzw. $Ag_2S_2O_3 \cdot 2 Na_2S_2O_3$.

Zyankali fällt bei äquivalenten Zusatz unlösliches Zyansilber:

$$AgNO_3 + KCN = ACN + KNO_3,$$

welches sich im Überschusse des Fällungsmittels wieder auflöst:

$$AgCN + KCN = AgK(CN)_2.$$

Durch Zink oder Aluminium scheidet sich hieraus bei Gegenwart von Ätzalkalien metallisches Silber aus.

Zink reduziert auch Chlorsilber leicht in Gegenwart von Salzsäure oder Schwefelsäure. Chlorsilber schmilzt bei 485⁰ zu Hornsilber zusammen, das bei etwa 1000⁰ verdampft. Hornsilber läßt sich gleichfalls leicht am Zinkkontakt reduzieren. Mit Soda geschmolzen reduziert sich Chlorsilber zu Metall:

$$2\,AgCl + Na_2CO_3 = 2\,NaCl + 2\,CO_2 = O_2 + 2\,Ag\,.$$

Rhodanammonium fällt weißes Silberrhodanid:

$$AgNO_3 + NH_4CNS = AgCNS + NH_4NO_3\,.$$

Auf dieser Reaktion beruht die Volhardtsche Silbertitration.

Kaliumchromat fällt blutrotes Silberchromat, Kaliumbichromat fällt dunkelrotes Silberbichromat. Um Silber als solches zu erkennen, betüpfelt man das angefeilte oder angeschabte Metall mit einer Lösung von Kaliumchromat in Salpetersäure. Nach dem Farbenton kann man den ungefähren Silbergehalt schätzen.

Die Eigenschaften und wichtigsten Reaktionen des Goldes.

Gold ist das einzige Metall von gelber Farbe.

Es ist äußerst weich und sehr dehnbar. Auf 0,00014 mm ausgehämmerte Goldfolie ist es im auffallenden Licht noch gelb, im durchfallenden leuchtet es grünlich ebenso wie der Spiegel geschmolzenen Goldes. Aus seinen Lösungen gefälltes Gold ist hellbraun. Der Schmelzpunkt des Goldes liegt bei 1064⁰ C, sein Siedepunkt bei etwa 2600⁰ C, doch beginnt es sich schon bei 1100⁰ merklich zu verflüchtigen. Sein spezifisches Gewicht beträgt bei Zimmertemperatur 19,32, sein Atomgewicht ist 197,2, seine Wertigkeit 1 und 3, seine spezifische Wärme 0,0316, sein spezifischer elektrischer Widerstand 0,02 Ohm, seine Wärmeleitfähigkeit 0,694 WE. 1 Ampere schlägt in der Stunde 2,45 g dreiwertiges bzw. 7,374 g einwertiges Gold nieder.

In Salz- und Salpetersäure ist Gold unlöslich. Königswasser löst es unter Bildung von Goldchloridchlorwasserstoffsäure:

$$2\,Au + 2\,HNO_3 + 7\,HCl = 4\,H_2O + 2\,NO + 2\,HAuCl_4\,.$$

Chlorhaltige Salzsäure löst Gold nach der Gleichung:

$$2\,Au + 2\,HCl + 3\,Cl_2 = 2\,HAuCl_4\,.$$

Die Goldchloridchlorwasserstoffsäure kristallisiert in leicht reduzierbaren zerfließlichen Kristallen von der Zusammensetzung $HAuCl_4 \cdot 4\,H_2O$ und ist beim Erwärmen etwas flüchtig, zumal wenn Kupferchlorid zugegen ist. Beim Eindampfen mit Kaliumchlorid erhält man das leicht säurefrei herzustellende Goldchloridchlorkalium $2\,KAuCl_4 \cdot H_2O$, welches sich ebenso leicht wie das Ammoniumsalz $AuCl_4 \cdot NH_4 \cdot x\,H_2O$ in Alkohol und Wasser löst (Unterschied vom Platin).

Goldchlorid, $AuCl_3$, erhält man beim Erhitzen fein verteilten Goldes im Chlorstrom bei 180⁰ C, es schmilzt bei 288⁰ und ist etwas flüchtig.

Fein verteiltes Gold löst sich bei Luftzutritt leicht in Kaliumzyanidlösung unter Bildung von Kaliumaurozyanid $KAu(CN)_2$.

Die Eigenschaften u. Reaktionen d. Platins u. d. Platinmetalle. 7

Schwefelwasserstoff fällt in der Kälte aus Goldchloridchlorwasserstofflösungen schwarzes Golddisulfid:

$$8\,HAuCl_4 + 9\,H_2S + 4\,H_2O = 25\,HCl + H_2SO_4 + 4\,Au_2S_2\,.$$

In der Wärme fällt metallisches Gold neben freiem Schwefel.

Alkalihydroxyd fällt aus konzentrierter Goldchloridlösung rotbraunes Aurihydroxyd, das sich im Überschusse des Fällungsmittels zu Alkaliaurat löst:

$$AuCl_3 + 3\,KOH = 3\,KCl + Au(OH)_3$$
$$Au(OH)_3 + KOH = 2\,H_2O + AuOOK\,.$$

In verdünnten Lösungen bildet sich direkt Alkaliaurat.

Eisenvitriol und Eisenchlorür fällen braunes kristallinisches Gold:

$$HAuCl_4 + 6\,FeCl_2 = 6\,FeCl_2 + Au + HCl$$
$$HAuCl_4 + 3\,FeSO_4 = Fe_2(SO)_3 + FeCl_3 = Au + HCl\,.$$

Aus diesen Gleichungen läßt sich der Verbrauch an Eisensalzen berechnen. Reiner — und besonders eisenfrei — erhält man Gold durch Fällung mit schwefliger Säure:

$$2\,HAuCl_4 + 3\,SO_2 + 6\,H_2O = 2\,Au + 3\,H_2SO_4 + 8\,HCl\,.$$

Ein Gemisch von Zinnchlorür und Zinnchlorid fällt Gold aus sehr verdünnten Lösungen zusammen mit etwas Zinnhydrat. Das Gemisch ist rosa bis purpurfarben gefärbt (Cassiusscher Goldpurpur).

Aus alkalischer Lösung kann Gold zum Unterschiede von Platin durch Wasserstoffsuperoxyd gefällt werden:

$$2\,AuCl_3 + 3\,H_2O_2 + 6\,KOH = 6\,KCl + 6\,H_2O = 3\,O_2 + 2\,Au\,.$$

Die Eigenschaften und Reaktionen des Platins und der Platinmetalle.

Platin ist ein grauweißes, glänzendes Metall, ziemlich weich und sehr dehnbar. Bei Rotglut läßt es Wasserstoff durchdiffundieren und bei Weißglut kann man es schweißen. Fein verteiltes Platin erglüht im Wasserstoffstrom und ist so leicht zu erkennen. Sein Schmelzpunkt liegt bei 1755° C. Es schmilzt im Knallgebläse und ist dabei in geringen Spuren flüchtig. Sein spezifisches Gewicht ist rund 21,4, sein Atomgewicht 195,2, seine Wertigkeit 2 und 4, seine spezifische Wärme etwa 0,0320, seine Leitfähigkeit für Wärme 0,14 WE und sein spezieller elektrischer Widerstand 0,165 Ohm.

Löst man Platin in Königswasser, so entsteht Platinichloridchlorwasserstoff H_2PtCl_6, der mit 6 Molekülen Wasser kristallisiert. Erhitzt man ihn bei etwa 360° im Chlorstrome, so entsteht rostbraunes Platinchlorid $PtCl_4$, bei 435° schwarzgrünes Trichlorid $PtCl_3$ und bei etwa 580° grüngelbes Dichlorid $PtCl_2$.

Platinichloridchlorwasserstoffsäure wird auch in sehr verdünnter Lösung von Kaliumjodid braun gefärbt:

$$H_2PtCl_6 + 8\,KJ = 6\,KCl + K_2PtJ_6 + 2\,HJ\,.$$

Ammoniumchlorid fällt kanariengelben Platinsalmiak (Spuren von Iridium färben ihn rötlich):

$$H_2PtCl_6 + 2\,NH_4Cl = (NH_4)_2PtCl_6 + 2\,HCl\,.$$

Platinsalmiak ist im Überschusse des Fällungsmittels und in Alkohol so gut wie unlöslich. In Wasser löst sich sehr wenig. Der durch Kaliumchlorid erzeugte Niederschlag verhält sich genau so, dagegen ist das Natriumsalz in diesen Lösungsmitteln leicht löslich. — Beim Glühen von Platinsalmiak entsteht Platinschwamm, NH_4Cl und Cl_2 entweichen.

Löst man $PtCl_2$ in Salzsäure, so entsteht Platinochloridchlorwasserstoffsäure:

$$PtCl_2 + 2HCl = H_2PtCl_4.$$

Aus dieser entsteht mit Salmiak keine Fällung. Auch beim Eindampfen von Königswasserlösungen entsteht etwas Platinosäure und ist dann die Fällung nicht absolut quantitativ. Durch schweflige Säure kann man Platinilösung quantitativ zu Platinolösung reduzieren. Eine solche gibt mit Zyankali Kaliumplatinzyanür:

$$H_2PtCl_4 + 4KCN = K_2Pt(CN)_4 + 4KCl,$$

das mit 3 Molekülen Wasser zu rhombischen Kristallen kristallisiert, die bei in Richtung der Achse auffallendem Licht blau und bei quer auf die Achse auffallendem Licht gelb erscheinen.

Iridium ist ein hartes und sprödes Metall von weißer, mattglänzender Farbe. Sein Atomgewicht ist 193,1, sein spezifisches Gewicht 22,4, sein Schmelzpunkt liegt bei etwa 2300° C. Kompaktes Iridium sowie geglühter Iridiumschwamm werden auch von Königswasser nicht angegriffen. Legierungen zwischen Platin und Iridium sind um so härter und gegen Königswasser widerstandsfähiger, je mehr Iridium in ihnen enthalten ist. Mit Platin legiert geht Iridium teilweise in Lösung. Es bildet H_2IrCl_6, das aber schon bei etwa 125° 2 Atome Chlor abgibt und in die dreiwertige Verbindung übergeht, die im Gegensatz zur ersteren mit Salmiak nicht ausfällt. Beim Schmelzen mit Natriumperoxyd wird Iridium oxydiert, löst sich in Königswasser und fällt mit Salmiak als schwarzroter Iridiumsalmiak $(NH_4)_2IrCl_6$ aus, der im Überschusse des Fällungsmittels wenig löslich ist. Fein verteiltes Iridium bildet im Chlorstrom je nach der Temperatur braunes Tetrachlorid, $IrCl_4$, dunkelgrünes Trichlorid, $IrCl_3$, und braunes Dichlorid, $IrCl_2$. Mit Kalilauge versetztes Tetrachlorid scheidet dunkelrotes Kaliumhexachloroiridat K_2IrCl_6 aus, das sich im Überschusse des Fällungsmittels mit dunkelgrüner Farbe löst. Beim Erwärmen schlägt die Färbung über Rosa in Violett um und schließlich fällt blaues Iridiumhydroxyd $Ir(OH)$ aus. Von diesem Farbenwechsel rührt der Name Iridium.

Palladium ist ein weißes Metall von hohem Silberglanz. Sein Atomgewicht ist 106,7, sein spezifisches Gewicht 11,9. Es schmilzt bei 1587° vor dem Leuchtgas-Sauerstoffgebläse. Bemerkenswert ist seine leichte Legierbarkeit mit Wasserstoff. Heiße Salpetersäure löst es zu dunkelbraunem Palladonitrat. Königswasser löst es zur braunen Chlorosäure H_2PdCl_6, deren Lösung aber schon beim Kochen in Palladiumchlorür $PdCl_2$ übergeht. Mit Salmiak fällt zum Unterschiede von Platin kein Palladium aus. Aus der konzentrierten Lösung fällt aber Salpetersäure $(NH_4)_2PdCl_6$. Mit Ammoniak verbindet sich Palladiumchlorür zu

Amminen. Das im kalten Wasser fast unlösliche Palladosamminchlorid $(NH_3)_2PdCl_2$ löst sich im Überschusse von Ammoniak und wird durch Neutralisieren mit Salzsäure wieder ausgefällt. Beim Ausglühen hinterläßt diese Verbindung Palladiumschwamm. Palladium fällt aus schwach salzsaurer Lösung mit einprozentiger alkoholischer Dimethylglyoximlösung als kanariengelbes Palladoglyoxim aus und kann so analytisch bestimmt werden.

Rhodium ist ein silberglänzendes und leicht dehnbares Metall vom spezifischen Gewicht 12,6. Sein Atomgewicht ist 102,9. Es schmilzt bei etwa 2000⁰. Kompaktes Rhodium wird von Königswasser nicht angegriffen. Mit Platin legiert löst es sich. Kaliumhydroxyd und Alkohol fällen hieraus schwarzes Rhodium schon in der Kälte. Durch Schmelzen mit Kaliumbisulfat kann Rhodium aufgeschlossen werden.

Osmium ist der spezifisch schwerste aller Stoffe. Sein spezifisches Gewicht beträgt 22,5. Sein Atomgewicht ist 190,9. Es schmilzt bei etwa 2500⁰. Im Vakuumofen erschmolzen, ergibt es ein Metall von zinkähnlicher Farbe. Es oxydiert sich sehr leicht zu flüchtigem Osmiumtetroxyd OsO_4. Mit Natriumperoxyd aufgeschlossenes Osmium scheidet schon bei leichtem Erwärmen mit Wasser flüchtiges OsO_4 aus, das besonders auf die Augen giftig wirkt. Durch Schwefelwasserstoff wird aus solch einer Osmiatlösung Osmiumsulfid abgeschieden, welches beim Glühen im Wasserstoffstrom unter Entwicklung von Schwefelwasserstoff metallisches Osmium hinterläßt. Mit Chlorgas behandelt, liefert es Chloride verschiedener Oxydationsstufen. Mit Platin legiertes Osmium geht beim Lösen in Königswasser als OsO_4 flüchtig und wird in einer vorgeschalteten Vorlage aufgefangen. OsO_4 liefert mit Jodkaliumlösung und etwas Salzsäure das charakteristische smaragdgrüne Osmiumjodür OsJ_2.

Ruthenium ist ein graues, hartes und sehr sprödes Metall vom spezifischen Gewicht 12,27 und vom Atomgewicht 101,7. Es schmilzt bei etwa 1900⁰. — Versetzt man die ausgelaugte Schmelze von Natriumperoxyd mit Salpetersäure, so fällt schwarzes Rutheniumoxyd aus, welches in Salzsäure gelöst und mit KCl zu braunem Kaliumrutheniumchlorid K_2RuCl kristallisiert werden kann.

Die Probierverfahren.

Die Probenahme von Metallen.

Die Probenahme von Edelmetallbarren erfolgte früher durch Aushauen. Der Barren wurde an einem Ende der oberen Hälfte mit einem halbrunden scharfen Meißel schräg angehauen und mit einem zweiten passenden Meißel trennte man dann das angehauene Stück ab. Das gleiche wiederholte man am entgegengesetzten Ende der unteren Barrenhälfte. Die preußische Münze in Berlin nimmt von Goldbarren im ganzen 2 g, von Silberbarren 15 g Material. Bis Ende 1921 nahm die Münze nur Aushauproben, während die anderen Probieranstalten schon längst nur mit Bohrproben arbeiteten. Ein langsam laufender

Bohrer erzeugt einen langen groben Span, ein schnellaufender Bohrer erzeugt kleine Späne, die sich nicht so bequem einwägen lassen, aber, wenn man sie gut durchmischt, ein richtigeres Resultat verbürgen. Eine genügend tiefe Anbohrung ist stets zu empfehlen, da dann Ungleichmäßigkeiten, die durch etwaige Saigerungserscheinungen hervorgerufen waren, ausgeglichen werden. Man probiert die Späne der oberen und unteren Hälfte getrennt. Kleine Differenzen werden auf den Probescheinen angegeben, bei größeren muß der Barren umgeschmolzen werden.

Die Schöpfprobe ist stets sicherer als die Bohrprobe, doch hat man es nicht immer in der Hand, den betreffenden Barren umzuschmelzen. Die staatlich-sächsische Halsbrückner Hütte rechnet nur auf Grund von Schöpfproben ab. Sobald das Metall geschmolzen und leicht überhitzt ist, mischt man den Tiegelinhalt mit einem Graphitlöffel gut durch, entnimmt mit demselben Löffel eine kleine Schöpfprobe und granuliert sie durch Eingießen in Wasser. Denselben Dienst wie ein Graphitlöffel tut auch ein eiserner, da die Edelmetalle sich mit Eisen praktisch nicht legieren. Man sucht eine Granalie aus und walzt sie aus, so daß sie bequem zur Einwage gebracht werden kann.

Die Probenahme von Erzen.

Die vielen Methoden zu beschreiben, nach welchen man Erzproben nimmt, würde den Rahmen dieses Buches zu sehr ausdehnen. In letzter Zeit werden auch häufig maschinelle, automatische Verfahren angewandt. Interessenten werden auf die diesbezügliche Literatur verwiesen. Jedenfalls läuft die Probenahme darauf hinaus, aus dem Gesamtmaterial einen kleinen Teil so auszuwählen, daß dessen Edelmetallgehalt dem ersteren möglichst genau entspricht, und mit diesem Teil evtl. nochmals so zu verfahren, bis man die gewünschte Menge erhalten hat, welche man nunmehr für die Analyse vorbereiten kann.

Die Probenahme von Gekrätzen.

Da Gekrätze einerseits meist in verhältnismäßig geringen Mengen vorliegen und andrerseits schon an sich sehr verschiedenartig zusammengesetzt sind, verarbeitet man die ganze Masse zu einem homogenen Material, das für sich analysenfertig ist. Von Erzen wird nur die letzte Teilung homogenisiert. Wie dieses geschieht, ist unter der „Vorbereitung von Gekrätzen" Näheres gesagt.

Silberbestimmungen.

Die **Gay-Lussacsche Silbertitration** beruht auf dem Ausfällen des Silbers aus salpetersaurer Lösung durch eine bekannte Kochsalzlösung, bis keine Trübung mehr erscheint. Man stellt die Kochsalzlösung so her, daß von ihr 100 cm^3 1 g reines Silber fällen, indem man mit 54,15 g Kochsalz 170 cm^3 Wasser sättigt und diese Lösung auf 10 l verdünnt. In 100 cm^3 wären dann 0,5415 kg Kochsalz enthalten, welches gerade 1 g Feinsilber ausfällen kann. Einen Teil dieser Hauptlösung verdünnt man auf $^1/_{10}$ ihres Gehaltes, löst ferner genau 1 g Feinsilber in etwa 5 cm³ Salpetersäure vom spezifischen Gewicht 1,2 und füllt diese Lösung mit destilliertem Wasser auf 1 l auf, so daß in 1 cm³ 1 mg Silber enthalten ist. Der wahre Gehalt der Hauptkochsalzlösung und der auf $^1/_{10}$ verdünnten wird ermittelt, indem man analog der unten beschriebenen Betriebsanalyse verfährt. Man korrigiert dann durch Zufügen der berechneten Mengen Kochsalz bzw. destillierten Wassers. — Für die Ausführung der Titration muß der ungefähre Silbergehalt bekannt sein. Man wägt so viel Legierung ein, daß in derselben 1 g Feinsilber enthalten ist, oder ein geringes mehr, löst unter Erwärmen in ca. 6 cm³ reiner chlorfreier Salpetersäure vom spezifischen Gewicht 1,2 im Erlenmayerkolben, verjagt die salpetrige Säure, füllt eine 100 cm³ fassende Pipette mit der Hauptlösung und läßt dieses Quantum in den Kolben fließen. Sodann schüttelt man, bis das Chlorsilber sich abgesetzt hat, und titriert aus einer Bürette mit der $^1/_{10}$-Kochsalzlösung zu Ende, d. h. bis der letzte Kubikzentimeter nach dem Umschütteln keine Trübung mehr erzeugt. Dieser wird nicht mehr hinzugerechnet, der vorletzte Zusatz nur zur Hälfte. Sollte die Hauptlösung bereits alles gefällt haben, so titriert man mit der fertiggestellten Silberlösung zurück. Der Endpunkt läßt sich aber besser mit der Kochsalzlösung bestimmen, so daß man vorteilhafter nicht zu knapp einwägt.

Der Titer der Lösungen ändert sich mit der Temperatur. Bezeichnet man mit T_x den bei der Temperatur x gefundenen Titer, mit T_y den bei der Temperatur y gesuchten, mit dT den Unterschied zwischen diesen beiden Temperaturen, mit a den linearen Ausdehnungskoeffizienten des Glases und mit b den Volumkoeffizienten des Wassers, so besteht zwischen den Titern die nachstehende Beziehung:

$$T_y = \frac{1 + 2a \cdot dT}{1 + b \cdot dT} \cdot T_x \, .$$

Setzt man die bekannten Zahlenwerte ein, so ergibt sich

$$T_y = \frac{1 + 0{,}000018 \cdot dT}{1 + 0{,}00018 \cdot dT} \cdot T_x \, .$$

Man kann nach dieser Formel den Titer korrigieren. Kommt aber noch Verdunstung in Frage oder ändert sich ein Titer durch chemische Umsetzung, so ist an Stelle der Rechnung häufigere Kontrolle zu empfehlen.

Die Volhardtsche Silbertitration. Nicht zu stark durch Kupfer verunreinigtes Silber, etwa Silber von 700 °/$_{00}$ aufwärts, läßt sich schnell und bequem nach Volhardt bestimmen. Auch kann man minderhaltiges Silber durch Mitlösen einer bekannten Menge feinen Silbers titrierfähig machen. — Man löst etwa 44 g Rhodanammonium in 5 l destillierten Wassers, bestimmt zunächst den Titer analog der nachstehend beschriebenen Betriebsanalyse, korrigiert ihn nach Schätzung so, daß 100 cm³ Rhodanlösung 1 g Feinsilber ausfällen können und stellt den Titer nochmals. Es empfiehlt sich hierbei, so viel silberfreies Kupfer mitzulösen, als in den Betriebsanalysen durchschnittlich erwartet wird, um so den Farbenton besser zu treffen. Auch hier muß für die Ausführung der Titrationen der ungefähre Silbergehalt bekannt sein. Man kann zu diesem Zwecke eine vielleicht 4 mal so starke Lösung vorrätig halten, als die Hauptlösung es ist, und damit eine Nebeneinwage vortitrieren. — Man wägt sodann von der zu untersuchenden Substanz so viel ein, daß in der Einwage 1 g oder weniger Silber enthalten sein kann, löst unter Erwärmen in ca. 7 cm³ reiner chlorfreier Salpetersäure vom spezifischen Gewicht 1,2 im Erlenmayerkolben, verjagt die salpetrige Säure und gibt etwa 100 cm³ destillierten Wassers zu. Dann füllt man eine 100 cm³ fassende Pipette mit der Rhodanlösung und läßt ihren Inhalt in den Erlenmayerkolben mit der erkalteten Silberlösung fließen. Man schüttelt, bis sich das Rhodansilber zusammengeballt hat, und gibt dann etwa 5 cm³ normal gelösten Eisenammoniumalaun(-oxyd) hinzu. Wenn noch Silber im Erlenmayerkolben gelöst war, so tritt hierbei keine Rotfärbung ein, resp. sie verschwindet beim Schütteln. Man titriert dann mit der Hauptlösung aus einer Bürette zu Ende. Wenn man im Erfassen des Farbentons geübt ist, kann man auch mit einer zuvor hergestellten $1/10$-Lösung zu Ende titrieren.

Abb. 2. Muffelofen für Gasfeuerung von Karl Issem.

Eine Rücktitration mit bekannter Silberlösung empfiehlt sich nicht.

Die trockenen Silberproben haben den Vorzug, daß sie in größeren Mengen schnell und billig ausgeführt werden können. Man findet nie zuviel Silber, und ein geübter Probierer kann bei aufmerksamer Arbeit recht genaue Resultate erzielen. — Die Einwage von genau 0,5 g wird in dünn ausgewalztes silberfreies Bleiblech eingewickelt. Man bringt sie zusammen mit einer dem erwarteten Feingehalte entsprechenden Menge silberfreien Probierbleies auf einer ausgeglühten Kupelle aus Knochenasche in die Mitte der Muffel eines Muffelofens (Abb. 2). Die Bleimengen ergeben sich aus nachstehender Tabelle:

Goldbestimmungen.

Feingehalt	Einwage	Bleigewicht
1000—950 °/₀₀	0,5 Gramm	2 Gramm
950—900 °/₀₀	0,5 ,,	3 ,,
900—850 °/₀₀	0,5 ,,	4 ,,
850—750 °/₀₀	0,5 ,,	5 ,,
750—650 °/₀₀	0,5 ,,	7 ,,
650—0 °/₀₀	0,5 ,,	9 ,,

Man wählt die Größe der Kupelle so, daß ihr Gewicht nicht kleiner ist als das Gewicht ihres Inhaltes. Man läßt die Probe bei geschlossener Muffel einschmelzen und öffnet dann die Muffeltür, damit frische Oxydationsluft hinzu kann. Die Temperatur des Muffelofens soll so reguliert sein, daß beim Treiben sich rings um den Kupellenrand ein wenig erstarrte Glättekristalle, die sogenannte Federglätte, bildet. Ist der Silberblick nahe, so schiebt man die Kupelle in den hinteren, heißeren Teil der Muffel, erwartet den Silberblick und stellt dann die Kupelle zum langsamen Abkühlen auf das vordere Ofenblech. Darauf wird das Silberkorn mit einer spitzen Kornzange von der Kupelle gelöst, seine untere Fläche mit einer feinen Messingdrahtbürste sauber gebürstet, ausgeglüht und gewogen. Die mit 2 multiplizierte Auswage in Milligramm ergibt den Feingehalt in Promillen. Je nach dem Feingehaltwerden kleine wechselnde Mengen Silbers von der Bleiglätte aufgenommen und in die Kupelle geführt. Der in Promillen ausgedrückte Kupellenzug wird dem gefundenen Resultat zugeschlagen. Er kann aus der Kurve, Abb. 3, entnommen werden, sofern die richtige Treibtemperatur eingehalten wurde.

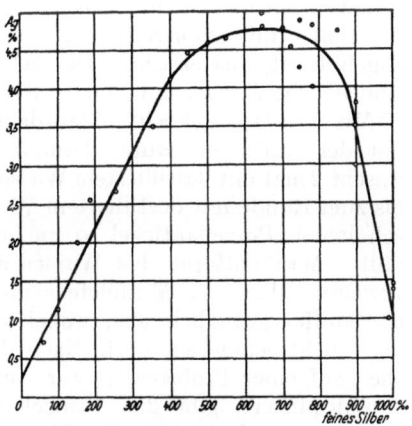

Abb. 3. Kapellenzugkurve für Silberproben.

Bei genaueren Bestimmungen empfiehlt es sich, eine Einwage reinen Silbers als Vergleichsobjekt mitzutreiben.

Goldbestimmungen.

Die trockenen Goldproben liefern so genaue Resultate, daß ein anderes Verfahren mit diesem nicht konkurrieren kann. Nachdem man aus dem Aussehen der Plansche oder der Späne resp. auf dem Probierstein ihren Goldgehalt und auch den Silberinhalt geschätzt hat, fertigt man drei Einwagen zu je 0,2500 g. Eine von diesen wird direkt mit der erforderlichen Menge Probierblei versetzt. Zu den beiden anderen quartiert man so viel genau abgewogenes Feinsilber, daß Gold und Silber im Verhältnis 1 : 2,5 zugegen sind.

Sollte eine Silberschätzung nicht möglich sein, so bleibt nichts anderes übrig, als die erste Einwage zuerst für sich abzutreiben und aus der Farbe des Kornes, dessen Gewicht übrigens den Inhalt an Gold plus Silber angibt, den Silbergehalt zu schätzen, was nach einiger

Übung nicht schwer fällt. — Die Menge des Treibbleies wird für alle drei Einwagen nach folgender Tabelle genommen:

Feingehalt an Gold	Einwage	Bleigewicht
1000 $^0/_{00}$	0,2500 Gramm	2 Gramm
980—920 $^0/_{00}$	0,2500 ,,	3 ,,
920—875 $^0/_{00}$	0,2500 ,,	4 ,,
875—750 $^0/_{00}$	0,2500 ,,	5 ,,
750—600 $^0/_{00}$	0,2500 ,,	6 ,,
600—350 $^0/_{00}$	0,2500 ,,	7 ,,
350—0 $^0/_{00}$	0,2500 ,,	8 ,,

Man treibt wie beim Silber beschrieben, aber heißer. — Die Körner aus der zweiten und dritten Einwage werden rein gebürstet, geglüht, auf einem sauberen Amboß flachgeschlagen, nochmals geglüht, auf einer kleinen Walze auf etwa 3 cm Länge ausgewalzt, geglüht, evtl. durch kleine Zahlenpunzen gekennzeichnet und zusammengerollt. Jedes Röllchen wird in einem Probierkölbchen aus Jenaer Glas, das bis etwa zur Hälfte mit chlorfreier Salpetersäure vom spezifischen Gewicht 1,2 angefüllt ist, ausgekocht. Das gelöste Silber wird dekantiert und das Röllchen nochmals mit einer Säure vom spezifischen Gewicht 1,3 10 Minuten lang gekocht. Man dekantiert, kocht nochmals 10 Minuten mit der stärkeren Säure, dann 5 Minuten mit destilliertem Wasser, wäscht 2 mal mit destilliertem Wasser nach, füllt das Kölbchen nochmals bis zum Rande mit destilliertem Wasser voll und stülpt es in einen vorgehaltenen Porzellantiegel so um, daß das braune Röllchen in diesen fällt. Man entfernt das Wasser aus dem Tiegel, trocknet auf dem vorderen Blech des Muffelofens und glüht das Röllchen im Tiegel in der Muffel gründlich aus, wobei es zusammensintert und gelb wird, aber nicht schmelzen darf. Nach dem Erkalten bringt man das Röllchen auf einer Probierwage zur Auswage. Diese, in Milligrammen mit 4 multipliziert, gibt den Feingehalt an Gold in Promillen an. Man gibt meist auch die $^1/_{10}$-Promillen auf den Probescheinen an. Hat man als Vergleichsobjekt eine besondere Einwage von Feingold durch sämtliche Operationen geführt, so sind die $^1/_{10}$-Milligramme als genau zu betrachten. Etwaiger Goldverlust durch Kupellenzug wird durch einen geringen Silberrückhalt ausgeglichen. Es ist anzustreben, daß die Röllchenform des Goldes beim Kochen beibehalten bleibt. Die Röllchen zerfallen leicht, wenn die Säure beim Kochen stark stößt. Durch Zugabe eines in der Muffel vollständig ausgeglühten Pfefferkorns kann man das Stoßen verhindern.

Die Güldischproben unterscheiden sich von den Goldproben dadurch, daß man es mit einem Material zu tun hat, dessen Goldgehalt im Verhältnis zu Silbergehalt unter der Gehaltsgrenze liegt, welche noch zusammenhängende Röllchen liefert. Man verfährt im allgemeinen wie bei den Goldproben. Die Einwage kann bei geringem Goldgehalt ein mehrfaches von 0,2500 g betragen. Der Bleizuschlag richtet sich nach dem Silbergehalt und ist nach nebenstehender Tabelle zu bemessen:

Silbergehalt	Bleischweren auf die Einwage bezogen
1000—950 $^0/_{00}$	4 fach
950—900 $^0/_{00}$	8 ,,
900—850 $^0/_{00}$	10 ,,
850—750 $^0/_{00}$	14 ,,
750—600 $^0/_{00}$	16 ,,
600—0 $^0/_{00}$	20 ,,

Das Auswalzen kann bei geringem Goldgehalt unterbleiben. Das Auswaschen und Dekantieren hat sehr vorsichtig zu erfolgen. Das braune Goldpulver wird durch Anfüllen des Kölbchens mit destilliertem Wasser und Umstülpen desselben im Porzellantiegel gesammelt. Das Kölbchen ist erst dann zu entfernen, wenn alles Gold sich am Tiegelboden angesammelt hat. Man trocknet vorteilhaft im Trockenschrank. Das ausgeglühte Goldpulver ist gelb und zusammengesintert und kann leicht ausgewogen werden. — Für die Auswagen benutzt man vorteilhaft empfindliche Probierwagen. Abb. 4 zeigt eine solche, wie sie die Firma Sartorius für $^1/_{100}$-mg-Empfindlichkeit baut.

Die Goldprobe mit Kadmium hat nur den Vorzug, daß ein Muffelofen nicht benötigt wird. Man schmilzt die Einwage mit der 5—10fachen Menge Kadmium in einem Porzellantiegel unter eine Decke von Zyankalium auf einem einfachen Bunsenbrenner unter einigem Schütteln etwa 10 Minuten. Die Schmelze wird mit Wasser ausgelaugt und das Kadmiumkorn, wie bei den Goldproben beschrieben, mit Salpetersäure behandelt. Man erhält so das Gold als Pulver, das nach dem Glühen eine reingelbe Farbe zeigen muß. Nimmt man nur so viel Kadmium, daß das Verhältnis des Goldes zum Kadmium mit den übrigen löslichen Metallen wie

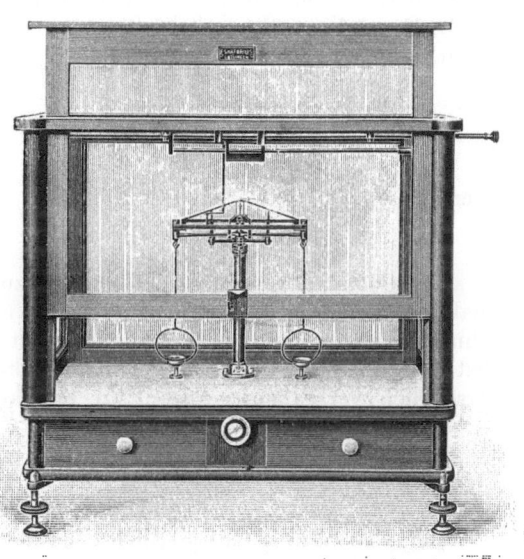

Abb. 4. Probierwage.

1 : 3 ist, so erhält man das Gold als Korn. Es muß dann aber mindestens eine Stunde gekocht werden.

Goldtitration mit Ferrosulfat. Diese Methode eignet sich zum Bestimmen des Goldes in salzsaurer Lösung, z. B. zur Kontrolle elektrolytischer Goldbäder. Bedingung ist, daß keine andere durch $FeSO_4$ reduzierbaren Verbindungen zugegen sind. — Man stellt eine Lösung von 0,5 g Feingold in 1 l Wasser her, ferner eine Lösung von etwa 50 g $FeSO_4$ in 1 l mit HCl schwach angesäuertem Wasser und benutzt eine abgestandene Permanganatlösung von ca. 3,6 g im Liter. Von der Goldlösung nimmt man einen aliquoten Teil, der a Gramm Gold (z. B. 0,2 g) enthält und fällt dieses Gold mit einer überschüssigen Menge b cm³ $FeSO_4$. Der Überschuß wird mit c cm³ Permanganat zurücktitriert. Dann stellt man in derselben Lösung den $FeSO_4$-Titer gegenüber dem Permanganat, indem man d cm³ $FeSO_4$ zufließen läßt und mit e cm³ Permanganat zurücktitriert. Dann hat 1 cm³ KMnO$_4$ $\dfrac{d}{e}$ cm³ FeSO$_4$ angezeigt, c cm³ haben also einen Überschuß von $c \cdot \dfrac{d}{e}$ cm³ FeSO$_4$ angezeigt. Zur Au-Reduktion waren daher nur erforderlich $b - c \cdot \dfrac{d}{e}$ cm³ FeSO$_4$. Der Titer der Ferrosulfatlösung ist dann in bezug auf Gold

$$\frac{a}{b - c \cdot \dfrac{d}{e}}.$$

Mit der Zeit wird aber die Reduktionsfähigkeit der FeSO$_4$-Lösung schwächer. Dann ist auch entsprechend weniger Permanganat zur FeSO$_4$-Oxydation erforderlich. Zeigen bei der Analyse e' cm³ Permanganat d' cm³ FeSO$_4$ an, so entspricht

$$1 \text{ cm}^3 \text{ FeSO}_4 \quad \frac{a \cdot \dfrac{d}{e}}{b - c \cdot \dfrac{d}{e}} \cdot \frac{e'}{d'} \text{ g Au}$$

oder

$$R \cdot \frac{e'}{d'} \text{ g Au}.$$

Die Größe R ist ein für allemal festzustellen. Bei den Betriebsanalysen titriert man erst mit Ferrosulfat auf Gold, titriert den Überschuß zurück, stellt dann anschließend mit dem Permanganat den zur Zeit geltenden Ferrosulfattiter fest und hat die für die Goldfällung tatsächlich verbrauchte Anzahl an Kubikzentimeter FeSO$_4$ nur mit $R \cdot \dfrac{e'}{d'}$ zu multiplizieren.

Platinbestimmungen.

Um Platin in Goldlegierungen zu bestimmen, gibt es zwei gebräuchliche Wege, die oft vereint zum Ziel führen. Man behandelt die Einwagen wie bei den Goldproben beschrieben. Das erste Korn wird gewogen und ergibt den Gehalt an Gold plus Platin plus Silber. Das zweite und dritte Korn wird in reiner 90%iger Schwefelsäure bei einer Temperatur, die 250⁰ nicht überschreiten soll, sonst so wie bei den Goldproben beschrieben, ausgekocht, der Rückstand des zweiten gewaschen, getrocknet und geglüht. Sein Gewicht ergibt die Menge Gold plus Platin. Das dritte Korn bzw. sein Rückstand wird gewaschen und in Königswasser gelöst. Nach vorsichtigem Abdampfen und Verjagen der salpetrigen Säure, evtl. nach Abfiltrieren von einem etwaigen Rückstand (Iridium), leitet man schweflige Säure ein und fällt so das Gold. Es kann auf einem Filter aufgefangen, gewaschen, geglüht und gewogen werden. Das Filtrat wird mit Chlor oxydiert und das Platin mit Salmiak und Alkohol ausgefällt. Der Platinsalmiak wird getrocknet, geglüht, durch Wasserstoff vollends reduziert und der erhaltene Schwamm gewogen. Zur Kontrolle kann man den gewogenen Rückstand des zweiten Kornes auf demselben Wege auf Gold und Platin untersuchen.

Das dritte Korn wird mit so viel Silber legiert, daß sein Gesamtsilbergehalt das 12 fache seines Platingehaltes beträgt. Man legiert zweckmäßig auf der Kupelle unter Bleizusatz. Das erhaltene Silberkorn wird, wie bei den Goldproben beschrieben, mit Salpetersäure behandelt. Das Platin löst sich mit dem Silber und sein Gehalt wird aus der Differenz bestimmt. Stimmen die Platingehalte aus allen Untersuchungen überein, so hat man die Analysen richtig ausgeführt.

Erz-, Gekrätz- und Aschenproben.

Das Material muß in homogener Form vorliegen. Es wird zu diesem Zwecke meist erst geröstet, um den Gehalt an organischer Substanz, Schwefel, Arsen, Tellur usw. auszutreiben und dann in Kugelmühlen aufs feinste vermahlen. Näheres ist bei der Gekrätzpräparation gesagt.

Man unterscheidet die Tiegelprobe und die Ansiedeprobe. Tiegelproben eignen sich für armes, Ansiedeproben für reicheres Material. Bei der Tiegelprobe wird das Edelmetall während des Schmelzvorganges von dem aus der beigegebenen Bleiglätte reduziertem Blei aufgenommen, während die Gangarten, Beimengungen und Verunreinigungen von den zugefügten Flußmitteln verschlackt werden. Bei der Ansiedeprobe nimmt das metallische Blei die Edelmetalle auf und die Beimengungen verschlacken in der sich bildenden Glätte, resp. im zugefügten Borax.

Die Tiegelprobe wird wie folgt ausgeführt. Man mischt das Probegut mit etwa 50—100 mal so viel Bleiglätte, als Edelmetall erwartet wird, ferner mit einer zur Reduktion ausreichenden Menge Kohlenpulver, Mehl oder schwarzem Fluß (Näheres siehe beim verschlackenden Schmelzen) und mit einer überschüssigen Menge an Flußmitteln, welche die Beimengungen verschlacken sollen. Angewandt wird meistens Soda, Pottasche, Borax und Glaspulver. Die Einwage richtet sich nach der Größe des Probetiegels und der Kupellen zum späteren Abtreiben. In Kerl-Krugs Probierbuch sind viele Beispiele für die Größe der Einwage sowie für zweckmäßige Mischungen für Flußmittel angeführt. Man schmilzt im Koks- oder Gasofen, bis der Tiegelinhalt ruhig fließt, hebt dann den Tiegel heraus, läßt ihn erkalten, zerschlägt ihn und entfernt den Bleiregulus. Dieser kann auf einer entsprechend großen Kupelle abgetrieben werden. Ist er zu groß, so kann man ihn teilen oder auf einem Ansiedescherben ansieden, wie bei der nachstehend beschriebenen Ansiedeprobe. Hat sich über dem Bleiregulus etwa Stein gebildet, so muß dieser gleichfalls abgetrieben werden, da er stets edelmetallhaltig ist. Das erhaltene Edelmetallkorn wird nach den bereits beschriebenen Probierverfahren auf Gold, Silber und Platin untersucht. Es ist selbstverständlich, daß man mehrere, mindestens aber zwei, Gekrätzproben nebeneinander anstellt.

Die Ansiedeprobe wird ausgeführt, indem man etwa 5 g Material mit der etwa 50fachen Menge Kornblei, als Edelmetall zu erwarten ist, mengt und in der Muffel auf einem Ansiedescherben aus Schamotte mit so viel Borax einschmilzt, daß damit der Gehalt an CaO, MgO, FeO, ZnO, SnO, NiO verschlackt wird. Die anderen Bestandteile verschlacken in der sich bildenden Bleiglätte. Man treibt so weit, bis das sich durch

18   Die Gewinnung der Edelmetalle.

die konvexe Bleioberfläche bildende Glätteauge schließt. Dann nimmt man den Scherben aus der Muffel, läßt ihn erkalten, zerschlägt ihn, entfernt den Bleiregulus, hämmert ihn vierkantig, setzt ihn auf eine ausgeglühte Kupelle von passender Größe und treibt ihn ab. Die Edelmetalle werden nach den beschriebenen Probierverfahren bestimmt.

Die Legierungen der Edelmetalle.
Die Systeme.

Das System Blei-Silber. Läßt man geschmolzenes Blei abkühlen, so sinkt seine Temperatur stetig mit der Zeit bis zu seinem Schmelzpunkt. Von diesem Moment ab wird die Wärmemenge frei, die man aufwenden mußte, um auf seinen Schmelzpunkt erhitztes Blei zu verflüssigen. — Die Erstarrungswärme gleicht nunmehr die Wärmeverluste durch äußere Abkühlung aus und die Temperatur bleibt konstant, bis alles Blei erstarrt ist. — Beobachtet man den Abkühlungsvorgang mit Uhr und Thermometer und zeichnet man die Temperatur in Abhängigkeit von der Zeit in ein rechtwinkliges Koordinatensystem ein, so erhält man eine Kurve nach Abb. 5, deren Stetigkeit durch eine zur Zeitabszisse Parallele in der Höhe der Schmelztemperatur des Bleies für die Zeit der gesamten Erstarrung unterbrochen wird.

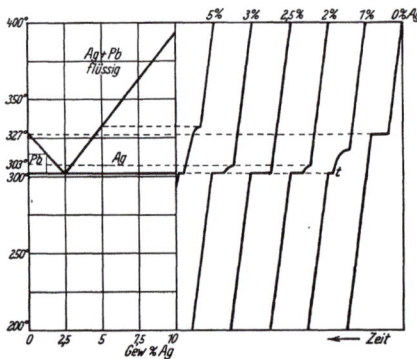

Abb. 5. Zustandsdiagramm der Blei-Silberlegierung.

— Nunmehr legieren wir das reine Blei mit Silber, so daß es davon 1% enthält, und lassen aufs neue abkühlen. Erst bei einer niedrigeren Temperatur, die unter dem Schmelzpunkt des reinen Bleies liegt, zeigt sich eine Wärmeentwicklung. Die Temperatur fällt weiter, aber viel langsamer. Die Wärme kann nur durch Erstarren eines Bestandteiles der Legierung entstanden sein. Schöpft man mit einem Sieblöffel etwas von dem tatsächlich Erstarrten heraus und untersucht es, so zeigt es sich, daß es reines Blei ist. Es folgt daraus, daß der Rest an Silber angereichert ist und bei niedrigerer Temperatur schmilzt. Läßt man weiter abkühlen, so findet man, daß bei einer bestimmten Temperatur t wieder eine bedeutende Wärmeentwicklung eintritt und dabei die ganze Legierung erstarrt. Nachdem alles erstarrt ist, sinkt die Temperatur stetig weiter. Ein weiterer Versuch mit 2% Silber ergibt Ähnliches, nur setzt der erste Haltepunkt bei etwas niedrigerer Temperatur ein. Der zweite Haltepunkt findet aber wieder bei der Temperatur t statt. Ein Versuch mit 5% ergibt einen ersten Haltepunkt, der über der Schmelztemperatur des reinen Bleies liegt. Die ausgeschöpften Kristalle bestehen aus reinem Silber. Die niedriger schmelzende flüssige Legierung ist also an Blei angereichert. Der ganze Inhalt erstarrt wieder bei der Temperatur t.

Die Systeme.

Ein Versuch mit 3% Silber gibt einen niedrigeren ersten Haltepunkt, verläuft aber sonst wie der Versuch mit 5% Silber. Aus allen Versuchen kann man nun folgern, daß es eine Blei-Silberlegierung geben muß, bei der die Kristallisation von Blei und Silber auf einmal einsetzt und daß das die Temperatur t sein muß. Diese Legierung muß zwischen 2 und 3% Silber liegen. Ein Versuch mit 2,5% Silber bestätigt diese Folgerung. Sie ergibt nur einen Haltepunkt bei t^0 und zeigt sich als inniges Gemenge von Blei-Silberkristallen. Man nennt diese Temperatur die eutektische, und auch die 2,5%ige Legierung wird als eutektisch bezeichnet. Die eutektische Struktur ist feinkörnig, da der Erstarrungsvorgang schnell erfolgt und sich viele Kristalle gleichzeitig bilden. Hat man es mit einer untereutektischen Legierung zu tun, so liegen die größeren Bleikristalle im Eutektikum gebettet. Bei einer übereutektischen Legierung würden es die gröberen Silberkristalle sein, die im Eutektikum eingebettet wären. Die Blei-Silberlegierung ist ein Beispiel für vollkommene Löslichkeit zweier Bestandteile im flüssigen und vollkommene Unlöslichkeit im festen Zustand. Auf dem Verhalten der Blei-Silberlegierungen beruht das später besprochene Entsilberungsverfahren von Pattison.

Um die Abhängigkeit der Zusammensetzung von der jeweiligen Temperatur festzulegen, zeichnet man in einem rechtwinkligen Koordinatensystem das prozentuale Verhältnis als Abszisse und die zugehörige aus dem Temperatur-Zeitdiagramm gefundene Temperatur als Ordinate ein. Für Blei-Silber ergibt sich dann das Zustandsdiagramm nach Abb. 5, das in Tafel I vervollständigt ist. Aus solchen Diagrammen ergeben sich die relativen Mengen zweier Bestandteile aus dem reziproken Verhältnis der zugehörigen Gleichgewichtshorizontalen. So würde z. B. bei einer Temperatur von 500⁰ eine 20%ige Legierung aus etwa $^1/_{16}$ festem Silber und $^{15}/_{16}$ einer Flüssigkeit mit 15% Ag bestehen.

Das System Gold-Silber. Bei der thermischen Untersuchung des Systems Gold-Silber erhält man ein anderes Bild. Schmilzt man reines Gold ein, so erhält man einen Haltepunkt bei der Temperatur von 1064⁰, dem Schmelzpunkt des Goldes. Eine Legierung mit 30% Silber ergibt einen niedriger liegenden Punkt der beginnenden Erstarrung. Die Temperatur bleibt nur für einen Moment konstant und sinkt dann langsamer, aber doch stetig, weiter bis zu einem noch niedriger liegenden Punkt, von wo ab sie mit der alten Stetigkeit weitersinkt. Eine Legierung mit 70% Ag zeigt einen ähnlichen Erstarrungsvorgang. Reines Silber ergibt wieder eine während des Erstarrens konstante Temperatur. Bringt man nunmehr die Temperatur in Abhängigkeit von der prozentualen Zusammensetzung, so erhält man durch Verbindung der gefundenen Haltepunkte zwei Linien (Abb. 6 und Tafel II). Die eine, die der beginnenden Erstarrung, wird Soliduslinie, die andere, die der beginnenden Schmelzung, wird Liquiduslinie genannt.

Um den Vorgang näher kennenzulernen, untersuchen wir die bei der Temperatur a ausgeschiedenen Kristalle. Wir finden statt 30% Ag nur 10%. Diese Zusammensetzung entspricht aber genau derjenigen, die sich aus der Soliduslinie ergibt, wenn man diese mit einer durch die

Temperatur *a* gezogenen Abszisse schneidet. Es haben sich Mischkristalle ausgeschieden, deren Zusammensetzung durch den Schnittpunkt der Soliduslinie bedingt ist. Erniedrigt man die Temperatur bis auf *x* und untersucht nochmals, so findet man in den Kristallen 20% Ag und in der Schmelze ca. 57% Ag. Die relative Menge von Schmelze und Kristallen ergibt sich aus den reziproken Abschnitten der Abszissenparallelen. Bei der Temperatur *b* erstarrt alles und die letzten Kristalle haben die Zusammensetzung 70% Au und 30% Ag. Untersucht man eine 70%ige Legierung, so kommt man zu einem ähnlichen Resultat. Die Mischkristalle Gold-Silber sind im Inneren goldreicher und im Äußeren goldärmer, bilden aber eine feste Lösung. Ein Eutektikum gibt es hier nicht, ebensowenig wie miteinander nicht legierte reine

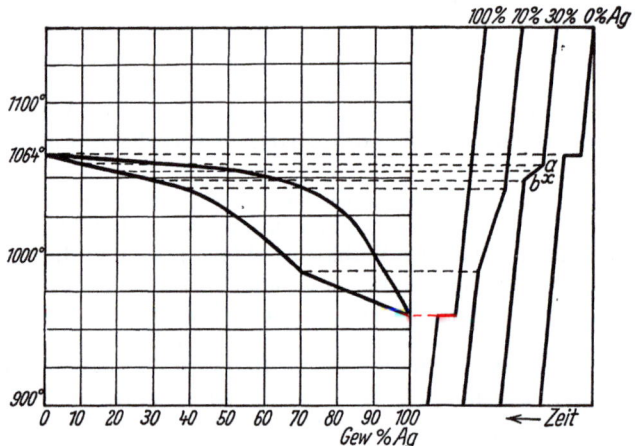

Abb. 6. Zustandsdiagramm der Gold-Silberlegierungen.

Gold- und Silberkristalle. Gold und Silber sind im flüssigen sowie im festen Zustande vollkommen ineinander löslich.

Das System Silber-Kupfer. Das Zustandsdiagramm der Silber-Kupferlegierungen (Tafel III) zeigt in seiner Hälfte rechts vom Eutektikum vollkommene Analogie mit den Blei-Silberlegierungen. In seiner linken Hälfte weist es einen Unterschied auf. Die Linie $962^0 ab$ deutet an, daß zwischen ihr und der Ordinatenachse silberreiche Mischkristalle vorliegen. Eine Legierung mit 20% Cu scheidet demnach beim Erstarren zuerst silberreiche Mischkristalle und schließlich ein Eutektikum aus, welches ein Gemenge reiner Kupfer- und kupferarmer Mischkristalle darstellt. Eine rechtsseitige, also kupferreiche Legierung wird beim Erstarren aus reinen Kupferkristallen, die im Eutektikum gebettet sind, bestehen. Abb. 7 zeigt das mikroskopische Bild einer silberreichen, Abb. 8 einer kupferreichen Legierung. Die Struktur ist nicht ohne Einfluß auf das chemische Verhalten der Legierungen. Schmilzt man eine Legierung mit etwa 40% Cu und rührt man im Temperaturbereich der Kupferausscheidung Schwefel ein, so genügt davon verhältnismäßig wenig, um das Kupfer als Schwefelkupfer mit wenig Silbergehalt so weit zu verschlacken, daß eine eutektische Legierung resultiert. Schmilzt man unter den gleichen Bedingungen eine Legierung mit etwa 20% Kupfer mit Schwefel zusammen, so greift der Schwefel die ausgeschiedenen silberreichen Kristalle wenig an. Arbeitet man bei einer Temperatur, die nicht viel über der eutektischen liegt, so entzieht der Schwefel einen großen Teil des Kupfers aus der Schmelze. Es verschlackt allerdings etwas mehr Silber als beim ersten Versuch, man erhält aber leicht eine Legierung, die über 90%, aber weniger als 94% Silber enthält. Legierungen über 94% Silber sind durch Schwefelung praktisch nicht zu feinen.

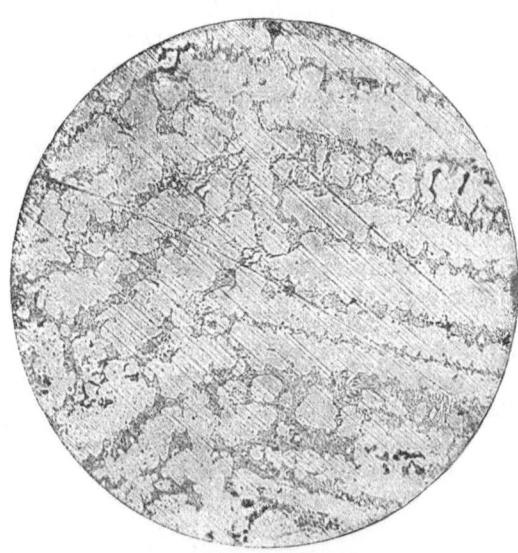

Abb. 7. Mikrographisches Bild einer silberreichen Silber-Kupfer-Legierung.

Die Systeme Au-Cu, Pt-Cu, Pt-Au, Pd-Au (Tafel IV, V, VI, VII) sind dem System Gold-Silber sehr ähnlich. Die Löslichkeit dieser Metalle ist gegeneinander eine vollkommene im festen sowie im flüssigen Zustande.

Das System Blei-Zink (Tafel VIII) bezeichnet mit seiner Linie 327° und 419° die begrenzte Löslichkeit von Blei-Zinklegierungen im flüssigen Zustande und ist später bei der Zinkentsilberung näher besprochen.

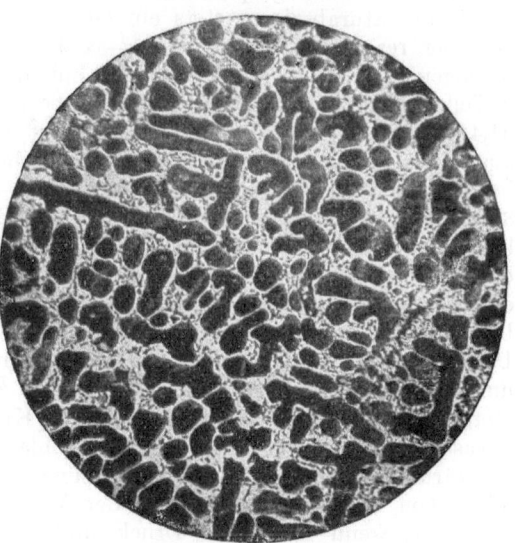

Abb. 8. Mikrographisches Bild einer kupferreichen Silber-Kupfer-Legierung.

Das System Blei-Kupfer weist gleichfalls auf die beschränkte Löslichkeit ihrer Bestandteile im flüssigen und die vollkommene Unlöslichkeit im festen Zustande hin und wird bei der Raffination silberhaltigen Werkbleies näher besprochen werden (Tafel IX).

Das System Blei-Gold (Tafel X) weist eine merkwürdige Erscheinung auf. Kurz vor der Zusammensetzung, die einer chemischen Verbindung entsprechen könnte, sind die Schmelzkurven geknickt. Wenn die chemische Verbindung zustande käme, so würde der betreffende Kurventeil stetig weiter verlaufen und am Punkte der chemischen Verbindung ein Maximum aufweisen. Würde man durch diesen Punkt eine Ordinate ziehen, so könnte man die Legierungen zwischen Au und $AuPb_2$ als System für sich untersuchen. Es wäre mit dem System Pb-Ag sehr ähnlich. Die Kurve unterbricht sich aber, da die Verbindung $AuPb_2$ bei der Temperatur des erwähnten Maximums nicht beständig ist. Unter der Temperatur des Knickpunktes besteht aber zweifellos die Verbindung $AuPb_2$. Viele Metalle liefern untereinander Verbindungen mit ausgesprochenem Maximum.

Eine gute Übersicht über die Methoden der metallographischen Praxis gibt Goerens in seiner „Einführung in die Metallographie". Für das eingehendere Studium ist das Sammelwerk von Bornemann über „Die binären Metallegierungen" zu empfehlen. Beide Bücher sind im Verlage von Wilhelm Knapp, Halle a. S., erschienen.

Die Gleichgewichtslehre.

Aus den metallographischen Betrachtungen haben wir ersehen, daß die Temperaturabszissen stets ein Gleichgewicht zwischen den untereinander reagierenden „Phasen" — z. B. der flüssigen und festen — bedingen. Eine Legierung von Blei mit 7,5% Silber ist bei 350⁰ zu 2 Teilen flüssig und die Flüssigkeit besteht aus 5,6% Silber mit 94,4% Blei, sie ist ferner zu 0,4 Teilen fest und die feste Phase besteht aus reinem Silber. Eine Blei-Zinklegierung mit 20% Zink scheidet sich bei 600⁰ in zwei Flüssigkeiten, von welchen die eine 15% Zink neben 85% Blei, die andere 97% Zink neben 3% Blei enthält. Bei der Entkupferung einer Silber-Kupferlegierung durch Schwefel bemerkten wir, daß der Schwefel hauptsächlich Kupfer, aber auch Silber bindet. Es entstand eine Schlacke, die aus Schwefel, Kupfer und etwas Silber bestand, und eine Legierung, die Silber und weniger Kupfer enthielt. Die Schlacke ließe sich entsilbern, wenn man sie getrennt mit Kupfer umschmelzen würde. Tatsächlich erhielte man in diesem Falle ein Metall, das Silber, aber daneben auch Kupfer enthält, evtl. auch etwas Schwefel gelöst hat, und eine Schlacke, die kupferreicher und silberärmer wäre. Die Zusammensetzung der Produkte ist abhängig allein von der Temperatur und der Masse der reagierenden Komponenten, wenn man vom Druck und anderen Erscheinungen, die den Gesamtzustand beeinflussen, absieht. Aus dem später beschriebenen Niederschlagsverfahren für die Bleigewinnung ist ersichtlich, daß man PbS durch Zusammenschmelzen mit Fe zerlegt. Auch hier gewinnt man den größten Teil des Bleies als Metall, und zwar eisenfrei, da Eisen von Blei nicht gelöst wird. Dagegen ist das gebildete Schwefeleisen noch so viel bleihaltig, als es der durch die Schachtofentemperatur bedingte Gleichgewichtszustand verlangt.

Gleichgewichtszustände stellen sich nicht nur ein, wo Legierungsmetalle aufeinander einwirken oder wo Metalle mit Metalloiden, mit denen sie chemische Verbindungen eingehen können, reagieren, sondern auch zwischen Metall und Schlacke, indem ersteres von letzterer, wenn auch meist zu sehr geringem Teil, einfach gelöst werden kann. Schmilzt man Goldpulver mit Borax und Soda, so löst sich eine Spur Gold in der Schlacke auf. Reduziert man Chlorsilber mit Soda, so enthält die Schlacke neben NaCl und überschüssiger Soda etwas Silber, und zwar nicht nur mechanisch eingeschlossen, sondern direkt gelöst. Wollte man ein hochhaltiges Silbererz aus Temismaking mit freiem Silber nur mit Flußmitteln verschmelzen, so würde die Schlacke unliebsam silberhaltig ausfallen. Die Flußmittel erfüllen ihren Zweck dahin, daß sie die Verunreinigungen oder Gangarten leicht schmelzbar machen. Sie bilden also mit der Gangart ein System aus vielen Komponenten, das wie eine Legierung mit mehreren Komponenten leichter schmilzt wie die reinen Metalle. Die Schlacke bildet nun auch mit dem erschmolzenen Metall ein System für sich und kann auf dieses lösend wirken. Sollen nun die Edelmetalle vor der Verschlackung geschützt sein, so muß man die verschlackbare Menge durch eine gewissermaßen äquivalente Menge eines anderen Metalls ersetzen. Man muß das Edelmetall durch ein anderes, mit ihm legierbares, sozusagen weglösen. Das Lösungsmittel möge dann so weit verschlacken, als nicht zu verhindern ist. Schon Kupfer wird von der Verschlackung dadurch geschützt, daß man es in so viel FeS aufnimmt, daß praktisch nicht Kupfer, sondern an seiner Stelle Eisen verschlackt.

Die Lösungsmittel für Edelmetalle sind hauptsächlich Blei und Kupfer für verschlackendes Schmelzen und Quecksilber für die nasse Fortschaffung der Gangart.

Die quantitative Festsetzung der Produkte miteinander reagierender Komponenten in Abhängigkeit von ihrem Zustande ist Sache der Gleichgewichtslehre. Soweit sie sich speziell mit Schlackenbildung beschäftigt, heißt sie Schlackenlehre. Die Gleichgewichtslehre ist ausführlich von Guertler behandelt worden und es sei hiermit auf seine Werke verwiesen.

Die Gewinnung des Silbers.

Je nach der Natur der vorliegenden Erze wird das Silber aus ihnen durch Verkupferung, Verbleiung, Amalgamation, Zyanidlaugerei oder Laugerei mit anderen chemischen Lösungsmitteln gewonnen.

Amalgamation ohne weitere Zusätze.

Für diese Gewinnungsart eignen sich Erze, welche Silber, evtl. mit Gold, in freiem Zustande enthalten, oder deren Verbindungen durch Quecksilber zerlegt werden können. Andere amalgamierbare Metalle dürfen nur in geringen Mengen zugegen sein.

Die Erze werden in Pochwerken oder Rohrmühlen (Abb. 9 und 27) zerkleinert. Sofern sie grobstückig sind, müssen sie erst auf Steinbrechern vorgebrochen werden (Abb. 25, S. 47). Sind sie an und für sich

Abb. 9. Rohrmühle der Fa. Fr. Krupp A.-G., Grusonwerk.

locker, so werden sie durch kräftige Wasserstrahlen abgebaut und die Schlämme durch Schlammgerinne, deren Böden in ihren Vertiefungen und Steinfugen Quecksilber enthalten, zu Nachamalgamatoren geführt. In diesen amalgamiert sich der Rest des so amalgamierbaren Silbers und die Schlämme fließen soweit entsilbert ab. Das Silberamalgam wird von Zeit zu Zeit gesammelt und durch frisches Quecksilber ersetzt.

Amalgamation mit Zusätzen.

Liegt das Silber in den Erzen in einer Form vor, die ein direktes Amalgamieren nicht gestattet, so arbeitet man mit Zuschlägen, die es in eine amalgamierbare Form überführen.

Abb. 10. Amalgamfilter.

Der alte Patio-Prozeß, wie er seit Jahrhunderten in Mexiko ausgeführt wird, arbeitet mit Erzen, die neben freiem Ag Ag_2S und AgCl enthalten. Das naß zerkleinerte und dann entwässerte Erz wird mit NaCl und $CuSO_4$, das billigen Pyriträstprodukten entstammt, und etwa 7 kg Hg pro Kilogramm Silberinhalt durchmischt. Das Gemenge wird von Maultieren wochenlang durchtreten und mehrfach durchgepflügt. Dann wird es naß in Amalgamsammler getrieben und dort vom Beiwerk durch Schlämmen getrennt.

Krönke zersetzt die Silberverbindungen rationeller mit Zink und Bleiamalgam. Auf die Maultierarbeit verzichtend, amalgamierte er in Fässern. Auch wenig verwittertes und somit schwer amalgamierbares Ag_2S ließ sich nach seinem Verfahren verhältnismäßig gut amalgamieren.

Washoe arbeitet, indem er die Reduktionen durch Erwärmen beschleunigt. — Das vorzerkleinerte Erz wird in dampfgeheizten „Pfannen" zwischen Eisenplatten mit $CuSO_4$ und NaCl unter Amalgamation fein zerrieben, wobei das abgenutzte Eisen auf AgCl reduzierend wirkt und HgCl sowie HgS zu Hg regeneriert.

Nach dem **Röstverfahren** werden Ag_2S-haltige Erze mit NaCl chlorierend geröstet. Die bei der Röstung entstehende Schwefelsäure zersetzt das NaCl zu Na_2SO_4 und das Chlor bindet sich an das Silber. Die beim Rösten gebildeten Cupri- und Ferrisalze werden mit Eisen und Wasser zu Cupro- und Ferrosalzen, das AgCl zu Ag reduziert und das so behandelte Material in Drehfässern amalgamiert.

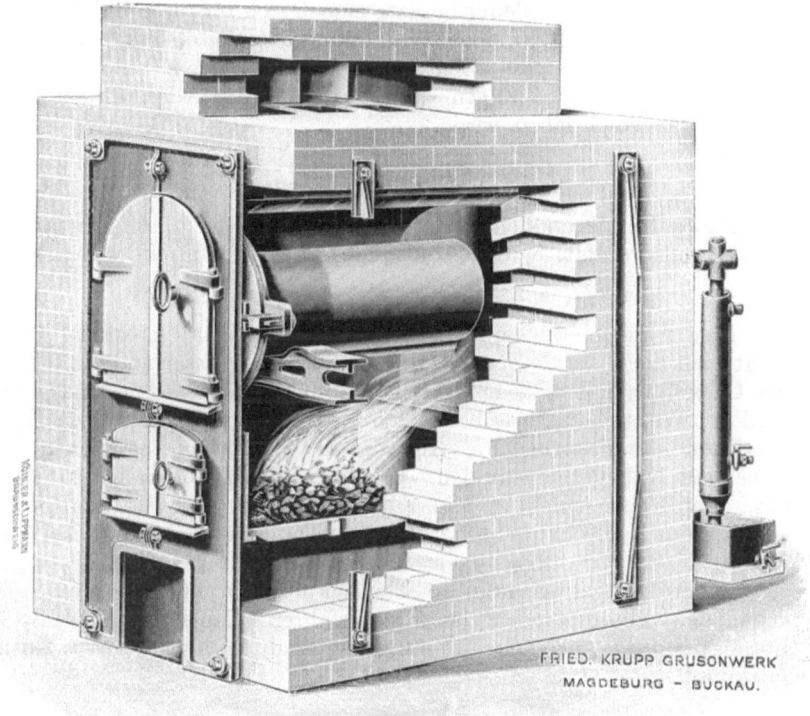

Abb. 11. Destillierofen.

Das in den beschriebenen Prozessen gewonnene Amalgam wird in Amalgamfiltern (Abb. 10) filtriert, das silberarme Amalgam wird für die weitere Amalgamierung verwandt und das im Filtersack verbliebene reiche Amalgam wird durch Destillation in einem Destillierofen (Abb. 11) vom Quecksilber befreit. — Das unreine Edelmetall wird mit Flußmitteln eingeschmolzen oder mit Blei abgetrieben. — Bei sämtlichen Amalgamationsverfahren gehen pro Kilogramm ausgebrachten Silbers etwa 1,5—3 kg Quecksilber verloren. Die Ausbeute an Silber schwankt zwischen 40 und 70%. — Ein Verfahren für sich, auch im Anschluß an die Amalgamation sowie zur Verwertung der Halden aus den Amalgamationsverfahren, ist die

Zyanidlaugerei.

Silber, Chlorsilber und schweres Schwefelsilber wird durch Alkalizyanide nach folgenden Gleichungen gelöst:

$$Ag + 2NaCN + H_2O = NaAg(CN)_2 + NaOH$$
$$AgCl + 2NaCN = NaAg(CN)_2 + NaOH$$
$$Ag_2S + 4NaCN = 2NaAg(CN)_2 + Na_2S.$$

Man laugt das feinst verteilte Erz mit 0,5—1%iger Natriumzyanidlauge unter Einblasen von Luft, welche das sich bildende Na_2S zu Thiosulfat oxydieren soll. Bleireiche Erze eignen sich für diese Gewinnungsart wenig, da $Pb(CN)_2$ unlöslich ist und Silber einschließt. Man verschmilzt diese Silbererze zweckmäßig mit Bleierzen. Die Zyanidlaugerei ist in großen Zügen der Laugerei des Goldes ähnlich, wie diese später beschrieben wird.

Das Patera-Hofmann-Verfahren.

Dieses Verfahren benutzt die leichte Löslichkeit von Chlorsilber in Natriumthiosulfat. Natriumthiosulfat löst es nach folgender Reaktion:

$$2Na_2S_2O_3 + 2AgCl = Ag_2S_2O_3 \cdot Na_2S_2O_3 + 2NaCl.$$

Die Erze werden erst zerkleinert und mit Kochsalz geröstet. Dann laugt man die Chloride der unedlen Metalle mit Wasser und schließlich das Chlorsilber mit 0,5—1%iger Hyposulfitlauge aus. Der Rückstand wird mit Wasser ausgewaschen. Man laugt meist in asphaltierten Holzbottichen mit Filterböden. Aus der Hyposulfitlauge fällt man das Silber mit Kalziumpolysulfiden. Es fällt als stark verunreinigtes Ag_2S aus. Der Niederschlag wird in Filterpressen von der Mutterlauge getrennt, dann getrocknet, scharf geröstet und in treibendes Blei eingetränkt.

Andere Laugereiverfahren haben heute an Interesse verloren. Zu erwähnen wäre nur noch das Kiesverfahren (Laugerei mit CuS_2O_3-Lösung) und die Auslaugung von Chlorsilber durch konzentrierte Kochsalzlösung.

Die Silbergewinnung durch Verkupferung und aus Kupfererzen.

Erze, deren Kupfergehalt gegenüber dem in ihnen vorhandenen Silbergehalt die vorherrschende Rolle spielt oder deren Gangart einen zweckmäßigen Zuschlag für die Kupfergewinnung bedeutet, sowie kupferreiche, silberhaltige Rückstände und Zwischenprodukte werden zusammen mit Kupfererzen auf Kupferstein verschmolzen. Die meisten eigentlichen Kupfererze weisen einen geringen Edelmetallgehalt auf und ist so ihre Verhüttung schon an und für sich mit der Edelmetallgewinnung verbunden.

Die wichtigsten Kupfererze sind Kupferkies $CuFeS_2$, Kupferglanz CuS, Rotkupfererz Cu_2O, Malachit $CuCO_3 \cdot Cu(OH)_2$, Kupferlasur $2CuCO_3 \cdot Cu(OH)_2$, Fahlerz $4Me_2S \cdot Sb_2S_3$, worin Me wechselnde Ag, Hg, Pb, Zn bedeutet und Sb durch As ersetzt sein kann. Selten kommt auch gediegenes Kupfer vor. Fast alle Kupfererze sind derartig mit Gangart durchsetzt, daß ihr Kupfergehalt verhältnismäßig gering wird und oft nur einige Prozente beträgt.

So enthält z. B. das wichtige deutsche Kupfererzlager bei Mansfeld durchschnittlich 3% Cu als Kupferkies bei 0,035% Ag. Den Rest bildet die aus bituminösen Schiefern bestehende Gangart. 1922 betrug die Silberproduktion 64700 kg.

Ein zweites deutsches Vorkommen ist das Gebiet am Rammelsberg. Das Kupfer tritt dort in Form von Kupferkies mit Schwefelkies, Bleiglanz und Zinkblende auf und führt Schwerspat als Gangart.

Die aus Kupfer stammende Silbermenge der Weltproduktion ist statistisch nicht zu erfassen, sollte aber nicht unterschätzt werden.

Der Kupferhüttenprozeß ist für die Edelmetallgewinnung mehr in dem Stadium interessant, wo es sich um die Verarbeitung der Konzentrate handelt. Der Weg, wie man vom Erz zu den Konzentraten gelangt, soll daher nur kurz gestreift werden.

Eine Aufbereitung geht selten voraus. Bei sehr armen Erzen empfiehlt sich nasse Aufbereitung durch ein Ölschaumschwimmverfahren, wie es später näher beschrieben werden wird, das bei einigen Kupferverlusten direkt ziemlich reiche Konzentrate liefert. In Mansfeld wird der Kupferschiefer, so wie er gebaut wird, in Schachtöfen verschmolzen. Ist das Erz zu schwefelreich, so wird es zuerst auf einen bestimmten Gehalt an Schwefel abgeröstet, mangelt es an Schwefel, so gibt man schwefelhaltige Zuschläge, etwa Schwefelkies.

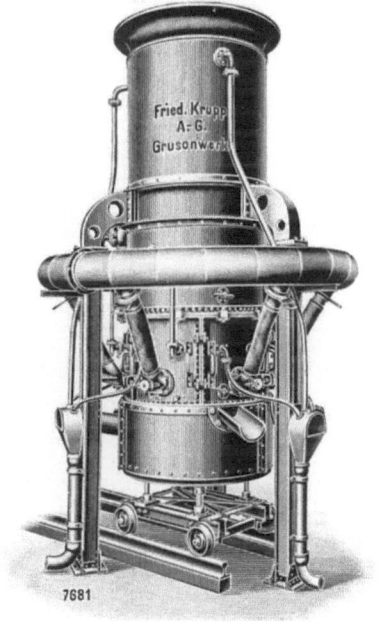

Abb. 12. Runder Wassermantelofen (wassergekühlter Schacht).

Der ganze Kupferhüttenprozeß basiert auf der ausgesprochenen Verwandtschaft des Kupfers zum Schwefel. Würde man total entschwefelte Kupfererze niederschmelzen, so würde sich einerseits ein derartig unreines Kupfer bilden, daß eine spätere Reinigung äußerst schwierig, wenn nicht gar unmöglich wäre, und andrerseits hätte man mit größeren Verschlackungsverlusten zu rechnen. Man schmilzt daher das Erz im Schachtofen so weit entschwefelt nieder, daß das Kupfer die Verunreinigungen zum größten Teil aus ihren Schwefelverbindungen verdrängt, aber andrerseits noch so viel FeS übrigbleibt, daß es das gesamte Cu_2S aufnehmen kann und das Kupfer vor dem Verschlacken bewahrt.

Resultiert ein „Stein" mit etwa 35—40% Cu, so ist die verschlackte Kupfermenge belanglos gering. Als Wärmequelle benutzt man wenige Prozente Koks, den Rest liefert das in der Gangart vorhanden gewesene oder als Zuschlag benutzte Eisen, welches bis auf die Menge, die in den

28   Die Gewinnung der Edelmetalle.

Stein geht, verbrennt und als Silikat verschlackt. Die Flußmittel resp. Zuschläge richten sich nach der Gangart. In der Schlacke herrschen FeO, SiO_2 und CaO neben Al_2O_3 vor. Neuerdings schmilzt man in Schachtöfen, deren Schacht bis oben an die Gicht aus doppelwandigem Eisen besteht, das mit Wasser gekühlt wird (Abb. 12 und 13). Man läßt die Schlacke sich vom Stein nicht im Schachtofen, sondern vorteilhaft in Vorherden trennen.

Sämtliches in der Schachtofenbeschickung vorhanden gewesene Edelmetall findet sich im erschmolzenen Kupferstein wieder. Man

Abb. 13. Größerer rechteckiger Wassermantelofen
der Fa. Fr. Krupp A.-G., Grusonwerk.

gewinnt es aus diesem entweder auf nassem Wege — als Rückstand bei gelöstem Kupfer oder als Lösung mit Kupfer im Rückstande — oder es wird der Kupferstein auf Rohkupfer verschmolzen und dann auf Feinkupfer elektrolysiert, wobei die Edelmetalle im Anodenschlamm verbleiben. Auch ist Kupferstein für sich elektrolysierbar. Die Edelmetalle finden sich dann zusammen mit dem Schwefel im Anodenschlamm. — Eine Vorbedingung für diese sämtlichen Verfahren ist, daß der Kupferstein neben etwas Fe nur noch sehr wenig Verunreinigungen enthalten darf. Man raffiniert den Rohstein mit 35—40% Cu durch oxydierendes Verschmelzen in Flammöfen (Abb. 14) oder schneller und billiger durch Verblasen in Konvertern. Durch den lebhaften Luftstrom wird das Eisen oxydiert: $FeS + 3O = FeO + SO_2$ und verschlackt dann als Silikat: $FeO + SiO_2 = FeSiO_3$. Die hierbei entwickelte Wärme genügt, um die Temperatur im Konverter zu erhalten und den überflüssigen Stickstoff zu heizen. Die Kieselsäure wird dem Konverterfutter, das aus etwa 80% SiO_2 und 20% Ton gestampft ist, entnommen oder man gibt quarzige Zuschläge während des Verblasens zu. Benutzte man für die Konverterausfütterung goldführende Quarze, so geht ihr Goldgehalt in das Kupfer über. Nach dem konzentrierenden Verblasen resultiert schließlich ein

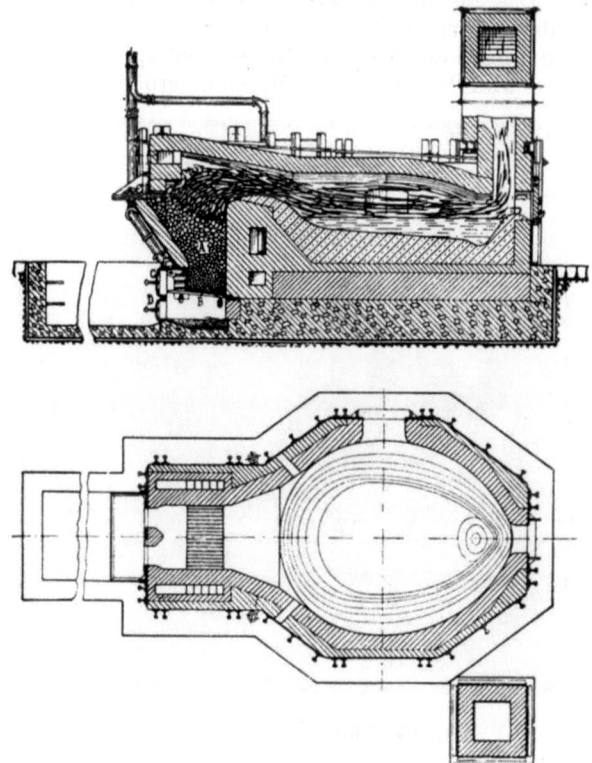

Abb. 14. Kupferschmelzofen.

ziemlich reines Cu_2S, welches durch den Sauerstoff der Luft nach folgenden Reaktionen weiterzerlegt werden kann:

$$Cu_2S + 3O = Cu_2O + SO_2$$
$$2Cu_2S + Cu_2S = 6Cu + SO_2.$$

Zu Anfang der Metallbildung fällt besonders silberreiches Cu. Das Verblasen des Kupfersteines auf Kupfer gelang Manhès Ende des vorigen Jahrhunderts, indem er den Luftstrom nicht vom Boden aus zuführte, sondern seitlich, so daß die kalte Luft nicht das sich bildende Kupfermetall zu passieren brauchte, sondern direkt in den Stein trat. Abb. 15 zeigt einen Großkonverter in der Ausführungsart des Grusonwerkes von Krupp.

Die Freiberger Schwefelsäurelaugerei. Silberhaltige Kupfersteine werden totgeröstet, so daß Cu als CuO und Ag als Metall vorliegt. Man laugt sodann mit mäßig heißer konzentrierter Schwefelsäure das Kupfer aus:

$$CuO + H_2SO_4 = CuSO_4 + H_2O$$

und gewinnt durch Eindampfen Kupfervitriol, nachdem man zuvor etwa mit in Lösung gegangenes Silber durch metallisches Kupfer ausgefällt hat. Das im Rückstand verbliebene evtl. goldhaltige Silber wird im Treibherd auf Blicksilber getrieben.

Nach Borchers wird silberhaltiges Rohkupfer auf ähnliche Art entsilbert. Es wird behufs Schaffung einer großen Oberfläche zuerst

Abb. 15. Liegender Großkonverter.

granuliert und dann in Filterbottichen der wechselweisen Wirkung von verdünnter H_2SO_4 einerseits und Luft andrerseits ausgesetzt. Das durch die Luft oxydierte Kupfer löst sich in der Schwefelsäure und das Edelmetall wird als Schlamm gewonnen.

Der Ziervogelprozeß der Mansfelder Hütten beruht auf der Eigenschaft des Silbersulfates, sich erst bei 812° zu zersetzen, während $CuSO_4$ schon bei geringerer Temperatur zu CuO zerfällt. Die in Kugelmühlen gemahlenen Kupfersteine mit etwa 75 % Cu werden in mechanischen Röstöfen erst vorgeröstet. Die Vorröstung ergibt CuO und $CuSO_4$. In gleichartigen Öfen wird dann das Material nachgeröstet. Die Nachröstung ergibt CuO und Ag_2SO_4. Das Silber wird mit warmem Wasser und entsilberten Betriebslaugen ausgelaugt, die Lösung durch Kupfergranalien entsilbert, der Rückstand nochmals geröstet und mit Wasser

Die Silbergewinnung durch Verkupferung u. aus Kupfererzen. 31

extrahiert. Auch diese Lösung wird entsilbert und dann eingedampft. Die erhaltenen Sulfate werden dem Nachröstprozeß beigegeben und begünstigen dort die Bildung von Silbersulfat.

Die elektrolytische Raffination und Entsilberung des Kupfers. Der Elektrolyt besteht aus 12—20% $CuSO_4 \cdot 5H_2O$ neben 4—10% freier H_2SO_4. Man elektrolysiert mit einer Stromdichte von 80—180 Ampere auf 1 m². Die Spannung beträgt 0,1—0,3 Volt, je nach der Stromdichte, der Entfernung der Elektroden voneinander und der Temperatur. Eine gleichmäßige Erwärmung des Elektrolyten bis 40° C ist für die Qualität des Kathodenkupfers vorteilhaft, höhere Temperatur schafft keine weiteren Vorteile. Die Entfernung der Elektroden beträgt beim Multiplesystem durchschnittlich 5 cm von Mitte zu Mitte. Ein Ampere scheidet in einer Stunde 1,18 g zweiwertiges Cu aus. Der Elektrolyt, in dem man einwertiges Cu zur Abscheidung bringen könnte, ist noch nicht gefunden. Die Stromausbeute beträgt bezüglich der an den Elektroden vorgenommenen Messungen 90—95%. Man arbeitet meist nach dem Multiplesystem, seltener nach dem Seriensystem. Beim Seriensystem sind die Anoden, mit Ausnahme der ersten und letzten, nicht durch eine metallische Leitung verbunden, sondern der elektrische Strom wird durch den Elektrolyten von Platte zu Platte geleitet, die also bipolar geschaltet sind und auf der einen Seite der Platte scheidet sich Elektrolytkupfer ab, während auf der anderen Seite das zu raffinierende Kupfer in Lösung geht und sich wieder auf der nächsten Platte abscheidet (Abb. 16a). Die Schwierigkeit der Elektrolytkupferablösung veranlaßte Stalman, eine Anordnung nach Abb. 16b zu treffen. Das Seriensystem arbeitet mit kleineren Bädern, billigeren, hochgespannten Maschinen, weniger Elektrolyten, aber größerem Kupferstock, da die Platten nur einseitig in Lösung gehen. Beim Multiplesystem dienen als Elektrolyseure verbleite Holzwannen, das Seriensystem ist wegen seiner höheren Spannung auf einfache Holzwannen oder teure Schieferplattenbäder angewiesen. Die Nachteile des Seriensystems überwiegen meist seine Vorzüge und die meisten Raffinerien arbeiten nach dem Multiplesystem (Abb. 16c). Man schaltet mehrere Bäder oder Bädergruppen hintereinander. Beliebt ist die Anordnung nach Abb. 16d, da sie Leitungsmaterial spart.

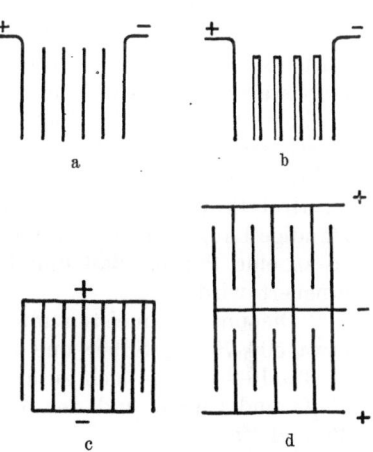
Abb. 16. Elektrodenanordnung für die Kupferraffination.

Die Anoden bestehen aus Kupfer, das auf 96—99% Cu vorraffiniert ist. Eine Analyse von Kathodenkupfer zeigte folgende Resultate: Cu 99,95%, As 0,0015%, Sb 0,0016%, Ni 0,0005%, Bi 0,0005%, Fe 0,0005%, Zn 0,0002%, S 0,0038%, Si 0,0360%, Ag 0,0035% und

0,0016% CuO. Letzteres bildet sich leicht bei zu geringen Stromdichten und zu neutralem Elektrolyten. Von den Verunreinigungen bleiben die die Raffination erst lohnend machenden Edelmetalle im Anodenschlamm. In diesen geht ferner Cu, Pb, Cu_2S, weiter ein Teil von As, Sb, Bi, Te und Zn. Ein Teil von letzteren geht in Lösung. Es lösen sich, werden aber an der Kathode nicht niedergeschlagen, Fe, Ni und Co. Etwas Silber kann gelöst werden, besonders wenn der Elektrolyt nicht sauer genug ist. Man verhindert die Lösung durch Zusatz von wenig Salzsäure. Ca. 3—6 g Ag pro Tonne Cu gelangen aber meistens in das Kathodenkupfer. Bei neutralem Elektrolyten und niederen Stromdichten bildet sich an der Anode leicht pulverförmiges Cu, welches den Anodenschlamm verunreinigt. Man erklärt diese Erscheinung dadurch, daß unter diesen Umständen mehr Cu_2SO_4 gebildet wird, das leicht in $CuSO_4$ und pulveriges Cu zerfällt. Dieses Kupfer löst sich in geringen Mengen zugleich mit etwas Elektrodenkupfer unter Einwirkung der Luft im Elektrolyten. Ferner bildet das stets etwas chlorhaltige Elektrolytwasser wenig CuCl und $CuCl_2$, welches durch H_2SO_4 zersetzt wird. So kommt es, daß der Elektrolyt sich stets an Cu anreichert und an H_2SO_4 verarmt. Die Kupferraffination ist schon deshalb stets mit der Fabrikation von Kupfervitriol verbunden. Für die Gewinnung guten Elektrolytkupfers ist, wie bei allen elektrolytischen Verfahren, eine ständige Laugenzirkulation vorteilhaft. Man schaltet eine Anzahl Bäder so an eine Pumpe, daß innerhalb von 2—4 Stunden ein Badvolumen erneuert wird.

Die uns am meisten interessierenden Anodenschlämme enthalten etwa 50—700 kg Silber und 0,2—7 kg Gold pro Tonne. Die unedlen Bestandteile setzen sich zusammen aus 10—40% Kupfer als Cu, CuS_2, Cu_2O und $CuSO_4$ und den Verunreinigungen Sb und As neben wenig Bi und Zn.

Die Behandlung der Anodenschlämme. Um das in gröberen, meist silberreichen Stücken beigemengte Kupfer zu entfernen, läßt man die Schlämme durch Siebe passieren. Das auf den Sieben verbliebene Kupfer kehrt zu Anodenschmelzen zurück. Den feinen Schlamm läßt man absitzen, dekantiert die überstehende Flüssigkeit, schafft ihn in besondere mit Blei ausgekleidete Gefäße, die durch Dampfschlangen geheizt werden können, setzt etwa 50% konzentrierte H_2SO_4 zu, bläst Luft durch und erhitzt mehrstündig bis zum Sieden. Hierbei gehen etwa zwei Drittel des Arsens, das meiste Kupfer, viel Antimon, sowie alles Bi und Zn in Lösung. Man läßt absitzen und schafft die überstehende Flüssigkeit in Abdampfkessel, um das Cu als Vitriol zu gewinnen und das As für sich zu verwerten. Hat man Silbersulfat — etwa aus einer Affinationsanlage — zur Hand, so empfiehlt es sich, den Schlamm nochmals mit Wasser zu versetzen, zum Sieden zu erhitzen und Silbersulfat zuzugeben. Dieses reduziert sich auf Kosten des noch im Schlamm verbliebenen Kupfers zu Metall und kann man den Schlamm so ziemlich kupferfrei erhalten. Überschüssiges Silbersulfat wird mit Kupferplatten oder durch Zusatz von frischem Schlamm reduziert. Die silberfreie Lösung wird dekantiert und auf Kupfervitriol verarbeitet. Man wäscht dann die entkupferten Schlämme mit heißem Wasser, nutscht sie ab, trocknet sie und schmilzt sie mit Flußmitteln wie Soda und Sand im Flammofen ein. Die Schlacke enthält, wie bei einem derartig reichen Material zu erwarten ist, etwa 1% Silber neben vielleicht 5—10% Cu. Schmilzt man sie im selben oder in einem ähnlichen Ofen mit wenig Kohle um, so könnte man den Edelmetallgehalt auf vielleicht 0,2% und den Cu-Gehalt auf ca. 2% drücken. Das resultierende silberhaltige und antimonreiche Kupfer könnte in einem Elektrolyten von CuF_2, NaF und HF (vgl. S. 46) auf Kupfer und Antimon elektrolysiert werden. Die Schlacke wäre an eine Kupferhütte abzuführen.

Besonders gut vorgereinigte Schlämme können auch ohne Flußmittel verschmolzen werden, indem das noch vorhandene Antimon als Sb_2O_3 die Schlackenbildung übernimmt (vgl. S. 46). Die antimonige Schlacke wird abgezogen. Durch einen Zusatz von Salpeter könnte das evtl. noch vorhandene Tellur mit etwas Kupfer entfernt und das Edelmetall in scheidewürdige Barren vergossen werden.

Wenn die Schlämme nicht zu kupferreich ausfallen, kann man die oft umständliche Vorreinigung umgehen und sie nach der angeblichen Arbeitsweise der Raffinerie Oker im Schachtofen zusammen mit bleiigen Zuschlägen auf Blei, Stein und Speise verschmelzen. Das Blei wird abgetrieben.

Nach Titus Ulke schmilzt die französische Raffinerie Pont de Cherry ihre sehr kupferreichen Anodenschlämme zu einer Legierung mit 80% Cu und 15% Ag raffinierend ein und elektrolysiert diese für sich in schwefelsaurer Kupferlösung. Der hohe Edelmetallgehalt scheint die Elektrolyse nicht zu behindern. Eine deutsche Scheideanstalt scheidet nach demselben Verfahren edelmetallreiche Abfalllegierungen. Die Raffinationskosten sind entschieden billiger als nach dem Dietzel-Verfahren, das mit hohen Spannungen in Nitratlösung arbeitet, wenn auch der Metallstock wegen der niederen Stromdichten ein größerer ist.

Die Silbergewinnung durch Verbleien und aus Bleierzen.

Die wichtigsten Bleierze und der Bleihüttenprozeß. Silbererze, in welchen Blei die vorherrschende Rolle spielt, weiter reiche Konzentrate, wie z. B. die Erze von Temismaking in Kanada, silberhaltige Steine und sonstige Zwischenprodukte aus verschiedenen Hüttenprozessen, kupferarmes Silbergekrätz usw. werden durch Verbleien gewonnen.

Das Hauptbleierz, der Bleiglanz, PbS, enthält an und für sich etwa 0,01—1% Silber, so daß die Bleigewinnung aufs engste mit der Silbergewinnung verknüpft ist. Als weitere Bleierze sind zu nennen das Weißbleierz $PbCO_3$, meist als Verwitterungsprodukt im Ausgehenden der Bleiglanzlagerstätten, ferner Anglesit $PbSO_4$, Pyromorphit $3Pb_3(PO_4)_2 \cdot PbCl_2$. — Die Bleierze sind dank ihrem hohen spezifischen Gewicht leicht durch Aufbereitung zu konzentrieren; auch ihrem Aussehen nach lassen sie sich durch Handscheidung von der sie oft begleitenden Zinkblende trennen.

Das Röstreaktionsverfahren. Man verarbeitet reinere Bleierze mit nicht mehr als 4% SiO_2 nach dem Röstreaktionsverfahren, indem man den Bleiglanz in Flammöfen zuerst so weit abröstet, daß die Röstprodukte mit dem unverändert gebliebenen Bleiglanz in Reaktion treten und zu metallischem Blei ausschmelzen. Bei der Röstung bilden sich je nach der Temperatur und dem SO_2-Druck wechselnde Mengen von PbO und $PbSO_4$ neben SO_2:

$$PbS + 4O \rightleftarrows PbO + SO_2 + O \rightleftarrows PbSO_4.$$

Abb. 17. Drehtellerofen Bauart Huttington-Heberlein.

Beim Reaktionsschmelzen zerfallen diese Gleichgewichtsprodukte nach
$$2PbO + PbS = 3Pb + SO_2 \quad \text{und}$$
$$PbSO_4 + PbS = 2Pb + SO_2.$$

Bei diesem Verfahren sind entweder die Kosten für Wärmeerzeugung sowie die Arbeitslöhne hoch oder ist die Bleiverflüchtigung beträchtlich. Schlackenbildende Silbererze und Gekrätze können nicht mit verarbeitet werden.

Das Niederschlagsverfahren benutzt die höhere Affinität des Eisens zum Schwefel als die des Bleies. Eisen legt das Blei aus seiner Schwefelverbindung nach folgendem Gleichgewicht frei:

$$PbS + Fe = FeS + Pb.$$

In der Praxis wird das Blei zu etwa 80% frei, der Rest bleibt im Schwefeleisen gelöst. Man röstet dieses in niedrigen Schachtöfen, die entweichende schweflige Säure wird auf Schwefelsäure verarbeitet und das aus PbO und Fe_2O_3 bestehende Röstprodukt wird beim neuen Niederschlagsschmelzen im Schachtofen zusammen mit Koks zugegeben. Die anwesenden Edelmetalle reichern sich im Werkblei an. Das Verfahren ist für das Mitverschmelzen silberhaltiger sulfidischer Produkte geeignet.

Das Röstreduktionsverfahren. Nach diesem gebräuchlichen Verfahren werden die Bleierze zuerst mit Kalk und Sand so weit abgeröstet, daß nur ein geringer Schwefelgehalt zwecks Bindens des evtl. vorhandenen Kupfers verbleibt. Bei dieser Röstung spielen sich folgende Reaktionen ab:

$$PbS\ \ + 4O\ \ \ = PbO\ \ \ + SO_2 + O = PbSO_4$$
$$PbSO_4 + SiO_2 = PbSiO_3 + SO_2 + O$$
$$PbS\ \ + CaO + SO_2\ \ + O = PbO + CaSO_4$$
$$CaSO_4 + SiO_2 = CaSiO_3 + SO_2 + O\ .$$

Ohne Zusätze ließe sich der Schwefel nicht in dem Maße aus dem Blei entfernen, da $PbSO_4$ noch bei 1000^0 beständig ist. — Man röstet in gewöhnlichen Flammöfen oder mechanischen Tellerröstöfen bei 700^0 bis zur Sinterung vor, so daß nur wenig S entweicht, sich aber genügend $PbSO_4$ bildet. Einen mechanischen Tellerröstofen, System Huttington-Heberlein, zeigt Abb. 17. Das auf etwa 500^0 abgekühlte und nunmehr agglomerierte Röstprodukt wird in Konverter (Abb. 18) befördert und durch unten eingeblasene Preßluft zu Ende geröstet. — Nach dem Dwight-Lloyd-Verfahren wird die Fertigröstung in einem Apparat vorgenommen, der mit Saugluft arbeitet, die über das Röstgut streicht.

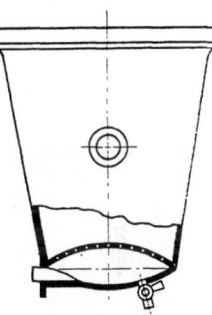

Abb. 18.
Bleiröstkonverter.

Das Röstprodukt wandert nunmehr zum Schachtofen, wo es unter Zusatz von etwa 10% Koks und Eisenoxyden zu Werkblei verschmolzen wird. Das Bleioxyd zersetzt sich in der Schmelzzone des Schachtofens unter der Einwirkung von Kohle und Kohlenoxyd nach den Reaktionen

$$2PbO + C\ \ = 2Pb + CO_2\ \ \text{bzw.}$$
$$PbO\ \ + CO = Pb\ \ + CO_2\ .$$

Aus $PbSiO_3$ entsteht durch reduziertes Eisen ebenfalls Blei:

$$PbSiO_3 + Fe = FeSiO_3 + Pb\ .$$

Wegen der Zähflüssigkeit der Schlacken arbeitet man meist mit Vorherden. Abb. 19 zeigt einen modernen Wassermantelofen in der Bauart des Grusonwerkes. Im Vorherd scheidet sich das Werkblei vom Stein und von der Schlacke. Die durchschnittliche Zusammensetzung der Schlacken ist etwa 33% FeO, 16% CaO, 26% SiO_2, 4% Al_2O_3. Der Stein besteht hauptsächlich aus FeS, Cu_2S, PbS und ZnS. Bei Gegenwart von viel Arsen und Antimon finden sich diese zum größten Teil in einer besonderen Zwischenschicht der Speise. Die Edelmetalle aus dem Bleierz oder aus den edelmetallhaltigen Zuschlägen sammeln sich zum größten Teil im Werkblei, zum geringen Teil in dem überstehenden

Stein an. Die Schlacke enthält, wenn der Edelmetallgehalt des Werkbleies nicht mehr als 2% beträgt, meist nur so geringe Mengen Silber, daß sie abgesetzt werden kann. Ist das Schmelzgut sehr silberreich, so zieht man es oft vor, auf eine silberhaltige Schlacke hinzuarbeiten und sie dann nochmals umzuschmelzen, anstatt mit silberarmen Bleierzen zu verdünnen. Silberreiches Werkblei wird direkt der Treibarbeit unterworfen, silberärmeres und sehr unreines wird vorraffiniert und dann auf anderem Wege entsilbert, nicht zu verunreinigtes Werkblei wird zuerst durch Saigern entkupfert und dann vor der Raffination mit Zink entsilbert. Raffiniertes Werkblei kann durch Saigern — nach dem Pattinson-Verfahren — entsilbert werden.

Abb. 19. Rechteckiger Wassermantelofen für Blei-Silberarbeit (gemauerter Schacht).

Die Entsilberung des Werkbleies. Die Vorraffination findet in Flammöfen mit tiefen Herden statt. Man schmilzt das Werkblei bei niederer Temperatur ein und entfernt zuerst das schwer schmelzende Cu zusammen mit S, Ni, Co, Fe und Sn, mit denen es teilweise legiert ist, zusammen mit mechanisch eingeschlossenen Verunreinigungen als „Abzug". — Oxydiert man weiter bei höherer Temperatur unter Aufblasen von Luft, so entsteht der „Abstrich", bestehend aus $Pb_3(SbO_4)_2$ mit wechselnden Mengen Cu, As und Zn als Oxyde — Wismut läßt sich auf diese Art nicht entfernen. Das silberhaltige reine Blei läßt sich nunmehr entsilbern nach dem

Verfahren von Pattinson. Aus dem Zustandsdiagramm (Abb. 5) läßt sich erkennen, daß das Eutektikum der Blei-Silberlegierungen schon bei 303° schmilzt, während reines Blei schon bei 327° erstarrt. Hat man es z. B. mit einer Blei-Silberlegierung mit 1,25%

Silber zu tun, so würde beim Abkühlen auf 312° die Ausscheidung reiner Bleikristalle beginnen und bei 306° so weit gestiegen sein, daß etwa ein Drittel erstarrtes Blei und zwei Drittel flüssiges, etwa 2,3%iges Blei-Silber vorhanden wäre. Man schmilzt das raffinierte Blei in gußeisernen Kesseln (Abb. 20) ein, kühlt den Inhalt durch Besprengen mit Wasser ab, rührt durch und schöpft die sich bildenden, oben schwimmenden Bleikristalle mit durchlöcherten eisernen Schöpflöffeln ab, bis etwa nur noch der dritte Teil des ursprünglichen Inhaltes im Kessel verblieben ist. — Das abgeschöpfte Blei wird für sich nochmals gesaigert, ebenso

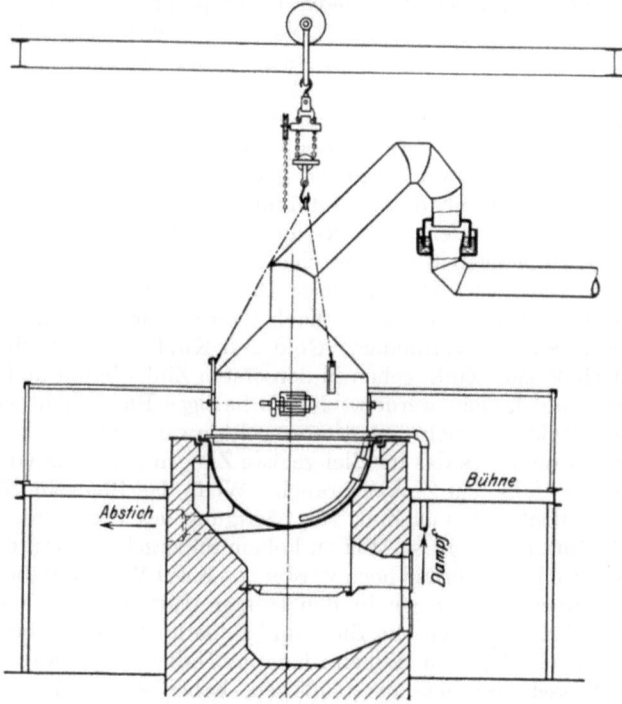

Abb. 20. Bleischmelzkesselofen.

wie die im Kessel verbliebene angereicherte Blei-Silberlegierung. Man erhält so einerseits ziemlich gut entsilbertes Weichblei und andrerseits eine oft bis 2% angereicherte Blei-Silberlegierung, die dann unter Glättegewinnung abgetrieben werden kann.

Die Abzapfarbeit von Luce Rozan ist eine Modifikation des Pattinson-Verfahrens. Die Kessel sind unten mit einem verschließbaren Abflußrohr versehen. Man kühlt durch Einblasen von Wasserdampf und zapft die angereicherte Blei-Silberlegierung ab. Das reiche und arme Blei wird unter Nachfüllen mit gleichartigem Material nochmals für sich gesaigert und dann einerseits als eine genügend angereicherte Blei-Silberlegierung und andrerseits als ein genügend entsilbertes Weichblei in Formen abgezapft.

Die Zinkentsilberung, das Verfahren von Parkes, eignet sich besonders für ein Werkblei, das 0,10—0,15% Silber enthält. — Aus dem Zustandsdiagramm der Blei-Zinklegierungen (Tafel VIII) erkennt man, daß diese Metalle miteinander sehr unvollkommen legierbar sind. Erhitzt man z. B. ein Gemenge von Blei und Zink auf 700°, so entstehen zwei Flüssigkeiten, deren Zusammensetzung durch die Horizontale 700 bestimmt ist. Die eine, untere, spezifisch schwerere, enthält ca. 20% Zink neben 80% Blei, die obere 7% Blei neben 93% Zink. Bei 930° wäre alles zu einer homogenen Flüssigkeit geschmolzen. Bei wenig Zink und viel Blei sowie bei niederer Temperatur erhielte man viel Blei, das einen geringen Zinkgehalt aufwiese und darüber eine Legierung von viel Zink mit wenig legiertem Blei. — Bei Werkblei ergeben sich einige Abweichungen, die seinem Gehalt an Verunreinigungen entsprechen. — Die Edelmetalle haben nun eine größere Lösungstension zum Zink als zum Blei. Ihre Zinklegierungen sind außerdem schwerer schmelzbarer als Blei und spezifisch leichter. Schmilzt man Zink in das zu entsilbernde Bleibad ein, so nimmt es die Edelmetalle in sich auf und steigt beim Abkühlen als Zinkschaum auf die Oberfläche. Es enthält noch große Mengen Blei als mechanische Beimengung und ist mehr oder weniger oxydiert. Die oxydierte Beschaffenheit ist bei der nachfolgenden Destillation hinderlich. Nach Rösler wird sie durch Zugabe von etwas Aluminium verhindert. Gold und Kupfer besitzen die größte Verwandtschaft zum Zink, gehen in den ersten Zinkschaum und können so getrennt aufgefangen werden. Kupferhaltiges Blei erhöht auf diese Weise den Zinkverbrauch. Antimon geht zwar nicht in den Zinkschaum, doch bindet es das im Blei gelöste Zink in gewissem Grade und erhöht so gleichfalls den Zinkverbrauch. Wenn das Blei sehr silberarm ist, so verbraucht sich viel Zink zur Sättigung des Bleibades, das mit etwa 0,7% Zink gesättigt ist. Bei zu hohem Silbergehalt kann der Zinkverbrauch gleichfalls störend hoch werden. — Karl Waldeck beschreibt die Zinkentsilberung, wie sie in den Harzer Hütten vor sich geht, in seinen „Streifzügen durch die Blei- und Silberhütten des Oberharzes" (erschienen im Verlag von Wilhelm Knapp, Halle a. S.) etwa wie folgt:

„Die Kessel bestehen aus Gußeisen, haben einen Fassungsraum von 15 t Werkblei und eine gleichmäßige Wandstärke von 40 mm, die Feuerung liegt direkt unter dem Boden des Kessels, um dessen Wandungen die Heizgase in Zügen herumgeführt werden. Die schmiedeeiserne Haube ist mit Ketten an einem Schlitten aufgehängt, der sich auf an der Decke angebrachten Schienen bewegen läßt. Die Haube hat vier Türen. Die Gasabführung der Haube hat öfters keine Explosionsklappe, obwohl diese Vorsicht vielleicht geboten ist, da sich bei der Oxydation des Zinks durch Eintreten von Luft an undichten Stellen Knallgas bilden kann.

Die Charge von 15 t Werkblei wird in den Entsilberungskessel eingesetzt und eingeschmolzen, was in acht Stunden beendet ist; der Kessel muß vorher auf der Innenseite mit Kalkmilch bestrichen werden, um ein Festsetzen des Metalls an den Wandungen zu verhindern. Während dieser Periode scheiden sich an der Oberfläche die sogenannten Schlicker aus, bleioxydische Produkte, die einen beträchtlichen Kupfergehalt aufweisen; es findet hierdurch eine teilweise Reinigung des Bades statt, die den Zinkzusatz in sehr erwünschter Weise erniedrigt. Die Schlicker werden abgezogen. Man schöpft sie mit eisernen durchlöcherten Löffeln ab. Hierauf beginnt das Einrühren einer verhältnismäßig kleinen Menge aluminiumfreien Zinks zur Gold- und Kupferextration, und zwar 50 kg = 0,33% vom Gewicht der ganzen Charge. Das Bad wird zu diesem Zwecke nur mäßig erhitzt. Seine Temperatur beträgt etwa 415°. Das Zink schwimmt auf dem Bleibade bis es eingeschmolzen ist, worauf es mit eisernen Rührkellen eingerührt wird. Diese Operation wird möglichst gründlich ausgeführt. In der Lauenthaler Hütte rührt man mit mechanischen Vorrichtungen. Nach dem Einrühren wird das Feuer unter dem Kessel gelöscht und das Bad sich selbst überlassen. Der nunmehr austretende Schaum wird fortwährend abgeschöpft, bis die Oberfläche des Bades blank ist, nicht aber bis zum Einfrieren der Charge. — Darauf wird der Kessel schnell auf Rotglut erhitzt, mit einem Deckel zugedeckt, um eine Oxydation des Bleies nach Möglichkeit zu verhindern und der letzte Abhub von der vorigen Entsilberung, der sehr silberarm ist, zugegeben. Es sind hierzu ganz beträchtlich höhere Temperaturgrade nötig als vorhin, da einerseits die Kapazität des Zinks für Silber geringer ist und daher große Mengen desselben zugeschlagen werden müssen, andrerseits das Blei aber nur geringere Zinkmengen aufzunehmen vermag, und zwar um so weniger, je tiefer seine Temperatur ist. Eine Temperaturmessung ergab 485° C.

Zugleich erfolgt das Einrühren von 180 kg = 1,2% aluminiumhaltigen Zinks. Diese großen Zinkmengen vermag das Bad nicht voll zu lösen, weshalb sie sich teilweise sofort wieder ausscheiden; hierbei sind die ersten 300—400 kg (Blei inkludierenden Schaumes), der sogenannte Rahm, besonders silberreich; er wird abgeschöpft und getrennt gehalten. Erst nach Abschöpfen des Rahmes wird das Feuer unter dem Kessel gelöscht und das Bad sich selbst überlassen; der sich während der ersten zwei Stunden ausscheidende Zinkschaum wird als Hauptabhub getrennt gehalten: man setzt das Abschöpfen bis zum beginnenden Erstarren der Charge fort und erhält so den Restabhub, der wegen seines geringen Silbergehaltes der nächsten Entsilberung zugeschlagen wird. Hierauf wird der Kessel wieder stark erhitzt und eine Probe entnommen. Überschreitet der Silbergehalt 0,0006%, so wird ein weiterer Zinkzusatz nötig, und zwar gibt man für je 0,0002% Silber einen Zinkzuschlag von 5 kg; doch tritt dieser Fall nur selten ein. Der Zinkentsilberungsprozeß dauert etwa 22 Stunden."

Nach Cordurié oxydiert man den Zinkrückhalt von etwa 0,7% durch Einblasen von Wasserdampf in das erwärmte Bleibad bei geschlossener und sorgfältig verschmierter Haube. Der Wasserdampf oxydiert das Zink unter Wasserstoffentwicklung:

$$H_2O + Zn = ZnO + H_2.$$

Mit dem Zink oxydiert sich durch die im Dampf enthaltene Luft auch etwas Antimon und mehr Blei. Diese „armen Oxyde" sucht man als Malerfarbe zu verwerten.

40 Die Gewinnung der Edelmetalle.

Die Raffination besteht nunmehr im Fortschaffen des Antimons. Man oxydiert es durch Einblasen von Luft bei stark geheiztem Kessel. Das Antimonoxyd enthält viel Blei und wird für sich reduzierend auf Hartblei verschmolzen. Das reine Weichblei wird in Formen vergossen. — Uns interessiert nunmehr

Die Entsilberung des Zinkschaumes. Nach Waldeck enthielt ein Goldschaum 1,2% Cu, 0,6% Ag, 4% Zn und 93,8% Pb als Rest, worin auch das Gold enthalten sein dürfte. Der Hauptabhub enthielt 0,45% Cu, 2,3% Ag, 7,3% Zn, 0,2% Sb und 89,8% Pb.

Abb. 21. Zinkdestillationsofen.

Diese Produkte werden in kleinen Kesseln, die unten mit einem Ablaufrohr versehen sind, bis zum beginnenden Schmelzen des Bleies erhitzt. Das ausgesaigerte Armblei geht in die Zinkentsilberungskessel zurück. — Auch arbeitet man oft mit der Howardschen Presse, einer Vorrichtung, die dem Bleibade den Zinkschaum entnimmt und das Blei auspreßt. — Der durch Saigerung gewonnene Reichschaum enthält durchschnittlich etwa 20% Zn, 15% Edelmetall und 65% Blei und wird durch Destillation vom Zink befreit. Man destilliert in Retorten aus Graphit, die sich in einem kippbaren Koksofen befinden und mit einer Vorlage für das überdestillierende Zink versehen sind (Abb. 21). Auch destilliert man aus gewöhnlichen Graphittiegeln, die durch einen gewölbten Deckel verschlossen sind, von wo aus ein Graphitrohr zu einer vorgewärmten Vorlage führt.

Das abdestillierte Zink ist meist silberhaltig und geht zur Zinkentsilberung zurück, hat aber nicht den Wirkungsgrad wie Raffinadezink. — Das vom Zink befreite Reichblei kann dem Treibprozeß zugeführt werden.

Der Kupferreichschaum wird teilweise auch auf nassem Wege durch Auflösen in verdünnter Schwefelsäure aufgearbeitet, doch soll dieses Verfahren mit diversen Schwierigkeiten zu kämpfen haben.

Unter Verzicht auch auf teilweise Wiedergewinnung des Zinks kann man den Zinkschaum durch verschlackendes Schmelzen vom Zink

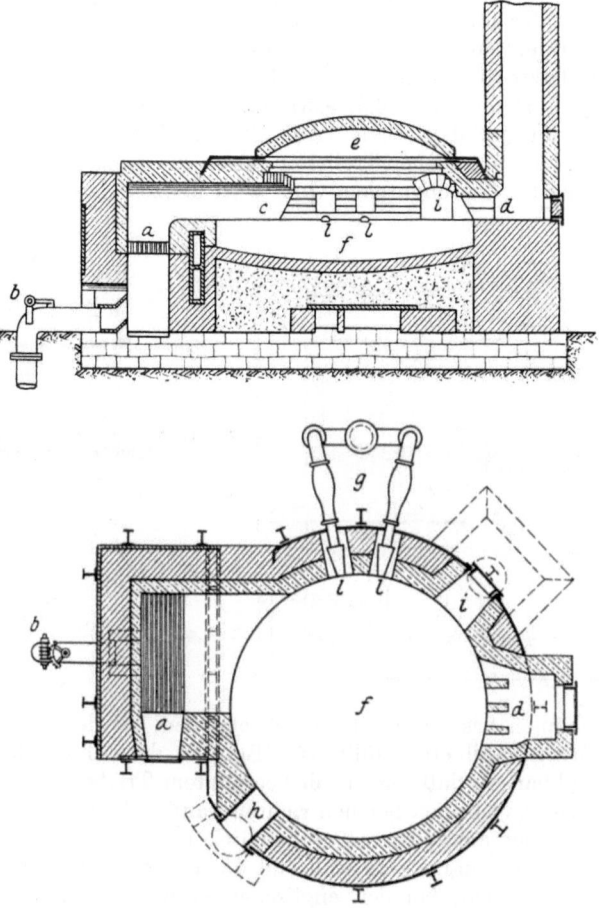

Abb. 22. Deutscher Treibofen[1]).

befreien. Man schmilzt in kleinen Schachtöfen unter Zuschlag hocheisenhaltigen Materials, welches das Zink verschlackt. Das Kupfer wird durch Zugabe von Bleiglanz als Stein gewonnen. Das silberreiche Blei wird abgetrieben.

Der Treibprozeß. Sämtliche Anreicherungsprodukte der Edelmetalle im Blei sowie auch silberreiches Werkblei, wie es z. B. bei der

---

[1]) Aus Borchers, Hüttenwesen. Halle a. d. S.: W. Knapp.

Verbleiung von Silbererzen oder bei der Reduktion an und für sich reicher Bleierze direkt im Schachtofen fällt, werden dem Treibprozeß unterworfen. — Treibt man Werkblei, so entsteht zuerst Abzug und dann Abstrich, die für sich verwertet werden, dann erst fließt reine Glätte ab, die je nach dem Treibverfahren praktisch silberfrei oder silberhaltig ist. — Zum Schlusse des Treibens oxydiert sich das zuvor nicht ausgesaigerte Kupfer und das schwer oxydierbare Wismut. Auch ist die Glätte in der letzten Periode des Treibens stets silberhaltig. Zuletzt zerreißt das letzte Glättehäutchen und das Silber hebt sich mit hellem Blick hervor. Es enthält noch etwas Wismut, Kupfer und Blei.

Man treibt in deutschen (Abb. 22) und englischen Treiböfen (Abb. 23 a, b). Die deutschen Treiböfen fassen die ganze Beschickung auf einmal, in den kleinen englischen Öfen wird konzentrierend unter stän-

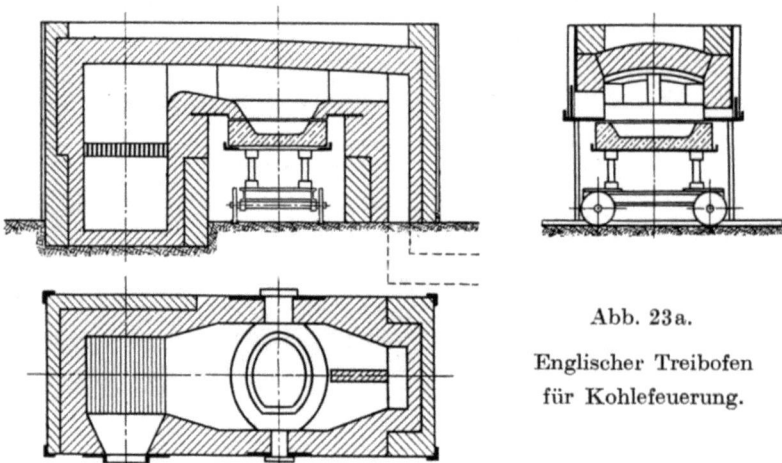

Abb. 23a.

Englischer Treibofen für Kohlefeuerung.

digem Zuschöpfen frischer Bleimengen getrieben, bis der Herd mit genügenden Mengen Silbers gefüllt ist. Bei den deutschen Öfen ist die Kuppel abhebbar, so daß man nach beendigtem Treiben den stark angegriffenen Herd von oben her neu richten kann. Die englischen Treiböfen besitzen einen ausfahrbaren und somit auswechselbaren Herd. Bei den deutschen Öfen kann man während der ersten Treibperiode silberfreie Glätte gewinnen, bei den englischen ergibt das konzentrierende Treiben nur silberhaltige Glätte, die zum Schachtofenschmelzen zurück muß. Bei beiden Öfen besteht die Herdmasse aus einem eingebrannten Gemenge von Zement, Kalk und Schamotte oder Zement, Kalk und alter Herdmasse. Gut aber teuer ist Knochenasche. Auch ausgelaugte Holzasche wird verwandt.

Bleiglätte entsteht bei der Oxydation des Bleies bei höherer Temperatur nach der Reaktion
$$Pb + O = PbO + 50,8 \text{ WE} .$$
Der Schmelzpunkt der Bleiglätte liegt bei 906°. Man treibt bei einer Temperatur, die etwas über diesem liegt. Bei höherer Temperatur ver-

dampft zu viel Blei und schließlich auch etwas Silber. — Die für die Reaktion erforderliche Oxydationsluft wird durch besondere Düsen auf den Bleispiegel so geblasen, daß die sich bildende dünne Glätteschicht zur Glätterinne getrieben wird, die mit dem Sinken des Bleispiegels entsprechend vertieft wird. — Neben der Oxydation des Pb zu PbO bildet sich auch PbO$_2$ und hieraus weiter
$$PbO_2 + 2PbO = Pb_2PbO_4,$$
ein Bleiplumbat, welches sich mit metallischem Blei nach der Reaktion
$$Pb_2PbO_4 + Pb = 4PbO$$

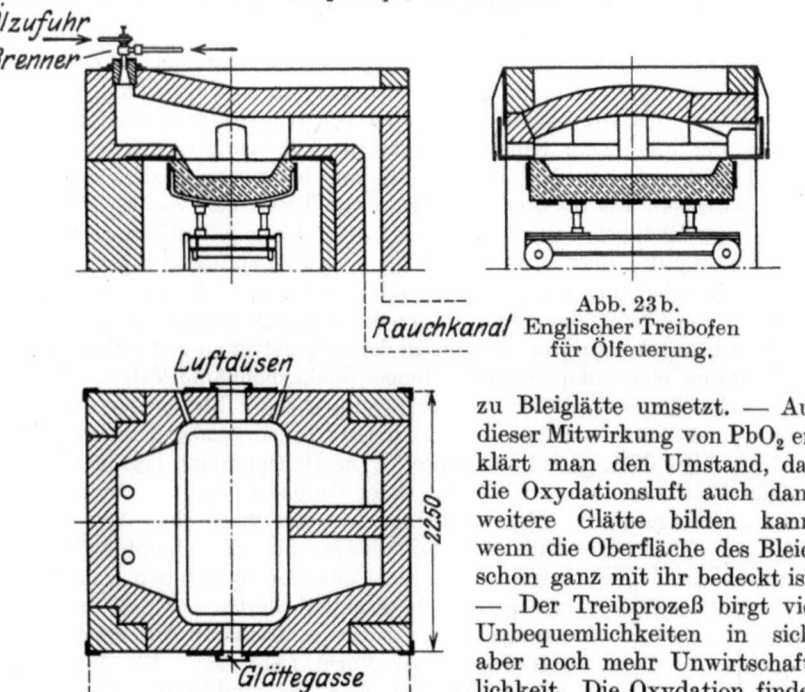

Abb. 23b.
Englischer Treibofen für Ölfeuerung.

zu Bleiglätte umsetzt. — Aus dieser Mitwirkung von PbO$_2$ erklärt man den Umstand, daß die Oxydationsluft auch dann weitere Glätte bilden kann, wenn die Oberfläche des Bleies schon ganz mit ihr bedeckt ist. — Der Treibprozeß birgt viel Unbequemlichkeiten in sich, aber noch mehr Unwirtschaftlichkeit. Die Oxydation findet im Treibherd so langsam statt, daß die hohe Wärmetönung der Glättebildung absolut nicht ausgenutzt wird; im Gegenteil, es ist noch gründliche Heizung erforderlich, um die Temperatur zu erhalten, sowie um die erforderliche Oxydationsluft samt ihrem großen Überschuß auf die Ofentemperatur zu erwärmen. — Abgesehen davon muß der Herd oft erneuert werden, bei den deutschen Öfen nach jedem Treiben, das bei 10 t Einsatz etwa 50 Stunden dauert. — Der Bleirauch aus den Flugstaubkanälen ist beträchtlich, es sammelt sich viel alte Herdmasse und sonstiges Gekrätz an, so daß das Treibverfahren nur in reinen Bleihüttenbetrieben einigermaßen erfolgreich zur Anwendung gelangen kann.

In neuester Zeit ist ein Verfahren erprobt worden, welches sämtliche Übelstände, welche der bisherigen Gewinnungsart von Blicksilber neben Bleiglätte aus Blei-Silberlegierungen anhaften, behebt, sich besonders durch sehr kurze Dauer des Prozesses auszeichnet und auch für die Vorraffination unreiner Edelmetallegierungen dienen kann. In etwas modifizierter Form soll es auch für die Raffination von Werkblei angewandt werden können. Es handelt sich um das Verblasen von Werkblei im Konverter, was bei Innehaltung gewisser Bedingungen gut gelingt. Der Treibprozeß geht um ein Vielfaches schneller vonstatten, die Verflüchtigung von Blei ist gering, der Apparat ist bedeutend billiger und kleiner als der englische Treibofen, die Herdarbeit ist viel geringer. Der Verfasser ist gern bereit, Interessenten, die sich in dieser Angelegenheit an den Verlag wenden, nähere Mitteilungen zu machen.

Die elektrolytische Raffination und Entsilberung von Werkblei. Nach vielen Versuchen, deren Ausführung sich in der Praxis nicht einbürgern konnte, gelang es dem Amerikaner Betts, Werkblei unter Verwendung eines Elektrolyten von Kieselfluorwasserstoffsaurem Blei, der mit einem Kolloid versetzt war, elektrolytisch zu raffinieren und das Blei in hohem Reinheitsgrade und besonders gänzlich wismutfrei zu gewinnen, was für die Fabrikation von Bleifarben wichtig ist.

Der Elektrolyt besteht aus etwa 10% freier Kieselfluorwasserstoffsäure H_2SiF_4 und etwa 9—17% Kieselfluorwasserstoffsaurem Blei $PbSiF_6$ neben etwa 0,1% Leim oder Gelatine. Er wird hergestellt, indem man fein gemahlenen Quarz mit käuflicher etwa 35%iger Flußsäure behandelt und in der entstandenen gesättigten Kieselfluorwasserstoffsäure eine entsprechende Menge Bleikarbonat auflöst.

Ein Ampere schlägt in einer Stunde 3,857 g Blei nieder und kann mit einer Stromausbeute — an den Elektroden gemessen — von nicht weniger als 90% gerechnet werden. Die Badspannung beträgt 0,15 bis 0,35 Volt, meistens 2 Volt, bei einer durchschnittlichen Stromdichte von 120 Amp./m². Man arbeitet entweder nach dem Serien- oder Multiplesystem; wie bei der Kupferraffination wird auch hier das Multiplesystem meist vorgezogen. Die Anoden werden etwa 25 mm stark gegossen, und zwar meistens in der sogenannten Siemensschen Form (Abb. 24). Sie liegen mit einem Ohr im Kontakt und mit dem anderen isoliert auf den Zuleitungen. — Die Kathoden werden entweder elektrolytisch durch Niederschlagen einer etwa 2,5 mm starken Bleischicht auf eingefetteten Stahlblechen hergestellt oder man gießt etwas über seinen Schmelzpunkt erhitztes raffiniertes Blei auf saubere Stahlbleche. Der obere Rand der Kathodenbleche wird um eine Kupferstange gewickelt, die als Stromzuleitung dient. — Der Elektrodenabstand beträgt von Mitte zu Mitte etwa 120 mm.

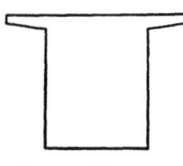

Abb. 24. Siemenssche Anodenform.

Die Bäder werden aus Holz gefertigt und innen mit Asphaltlack ausgestrichen. Neuerdings benutzt Betts Betonbäder, die durch Eintauchen in flüssigen Schwefel imprägniert worden sind. Die Bäder sind terrassenförmig angeordnet, und man sorgt für eine genügende Zirkulation des Elektrolyten durch eine Bäderreihe. Neuerdings sollen auch nur zwei Bäder miteinander in Zirkulationsverbindung stehen.

Die Anoden behalten, auch wenn alles Blei weggelöst sein sollte, fast stets ihre alte Form bei. Allerdings bestehen sie dann nur aus dem im Werkblei vorhanden gewesenen Verunreinigungen samt dem Edelmetall neben wenig Blei aber viel Elektrolyt, der in diese schwammige Masse eingedrungen ist. Lediglich ihr leichtes Gewicht verrät, daß das Blei entfernt ist. Das Gewicht des inkludierten Elektrolyten beträgt oft das 4fache, sein Volumen entsprechend etwa das 50fache des eigentlichen Anodenschlammes. Bei der Verarbeitung der Schlämme ist also darauf zu achten, daß der inkludierte Elektrolyt entfernt wird.

Im Werkblei kann man mit dem Vorhandensein von Pt, Pd, Au, Ag, Cu, Sb, As, Sn, Bi, Fe, Ni, Zn, Cd, S, Se und Te rechnen. — Von diesen verbleiben Fe, Ni, Zn und Cd im Elektrolyten und reichern sich in geringem Umfange an. In den Anodenschlämmen findet man neben Pb Pt, Pd, Au, Ag, Cu, Sb, As, Bi, Se, Te. Das Elektrolytblei enthält neben etwa 99,995% Blei verschwindende Mengen von Ag, Cu, Fe.

Das Edelmetall wird durch die Elektrolyse vom Blei getrennt und bleibt, allerdings noch stark verunreinigt — hauptsächlich mit Sb und As — im Anodenschlamm zurück. — Uns interessiert nunmehr

Die Gewinnung der Edelmetalle aus den Anodenschlämmen. Betts führt in seiner „Bleiraffination durch Elektrolyse" (übersetzt von Viktor Engelhard, erschienen im Verlag von Wilhelm Knapp, Halle a. S.) mehrere Schlammanalysen an, von denen nachstehende hier wiedergegeben werden:

Anoden	Cu %	Ag %	Sb %	As %	Pb %	Bi %	Fe %	Au g
Blei, Trail, BC . .	8,83	28,15	27,10	12,42	17,05	—	1,27	—
Blei, Trail, BC . .	22,36	23,05	21,16	5,40	10,62	—	1,12	—
Blei, Monterey, Mex.	1,90	32,11	29,51	9,14	9,05	—	0,49	9,05
Blei, mexikanisch .	6,38	3,9	50,16	15,23	5,30	19,74	—	—
Blei, Trail	1,40	31,62	4,91	35,71	9,57	—	—	56,08
Reichblei, raffin. .	12,56	78,45	4,12	—	3,00	0,88	—	?

Die letzte Analyse gibt zu denken, ob es sich nicht verlohnen sollte, wenn ausgesprochene Silberhütten das beim Schachtofenschmelzen fallende reiche Werkblei erst raffinierten, dann elektrolytisch schieden, um schließlich nur den verhältnismäßig sehr reinen Schlamm im Treibherd oder nach neueren Verfahren auf Blicksilber verarbeiteten, statt alles durch den Treibherd zu schicken, resp. direkt elektrolytisch zu scheiden und die umständliche Verarbeitung eines Schlammes aus nichtraffiniertem Blei auf sich zu nehmen.

Das Einschmelzen der Schlämme ohne besondere Verschlackungsmittel. Die Schlämme sind beim Trocknen leicht oxydierbar, nach Betts sogar manchmal unter Selbstentflammung. — Feucht in den Tiegel gebracht, schmelzen sie leicht zu einer Legierung zusammen, ohne das viel verschlackt, doch ist mit einer solchen Legierung wenig anzufangen. — Blei ist nach Betts leicht fortzuschaffen, wenn man den gut ausgewaschenen Schlamm mit konzentriertem HCl behandelt; es verschlackt dann als Chlorid. Die antimonreiche und etwas edelmetallhaltige Schlacke geht zum Bleischachtofen zurück. Das erhaltene Metall kann, sofern es wenig Arsen enthält, mit altem oder edelmetallhaltigem Kupfer zu etwa 75% Cu hochlegiert, in einem Elektrolyten, der CuF_2, NaF und HF enthält, auf Kupfer elektrolysiert werden. Hierbei geht Antimon in Lösung, die Edelmetalle verbleiben im Anodenschlamm und können, falls Wismut zugegen war, mit Silbersulfat und Sand zu scheidefähigem Güldischsilber verschmolzen werden. — Aus dem mit Antimon stark angereicherten Elektrolyten wird das Kupfer auszementiert; der Elektrolyt wird mit Bleianoden auf Antimon elektrolysiert.

Um den Anodenschlamm für die üblichen Gold- und Silberscheideverfahren brauchbar zu gestalten, müssen vor allem das Arsen und Antimon entfernt werden. Zu diesem Zweck wird der ausgewaschene Schlamm geröstet, wobei Arsendämpfe entweichen und sich das schwer schmelzbare Sb_2O_5 bildet. Dagegen ist Sb_2O_3 leicht schmelzbar. Man mischt daher das Röstprodukt mit so viel Kohlenpulver oder frischem Schlamm, daß nach den Reaktionen

$$Sb_2O_5 + C = Sb_2O_3 + CO_2 \text{ bzw.}$$
$$3\,Sb_2O_5 + 4\,Sb = 5\,Sb_2O_3$$

sich das leicht schmelzbare Trioxyd bildet und schmilzt ohne Flußmittel ein. Es ist aber schwierig, das richtige Verhältnis zu treffen, auch ist mit Antimonverflüchtigungen zu rechnen. — Die Schlacke muß jedenfalls auf ihren Edelmetallgehalt geprüft werden. Der Edelmetallregulus ließe sich abtreiben.

Verschlackendes Schmelzen mit Flußmitteln. Es sei hier das Verfahren der Canadian Smelting Works, wie es von Betts dargestellt wird, wiedergegeben.

Der Schlamm enthält etwa 30% Antimon, 20% Silber, 10% Kupfer, 6% Arsen, 10% Blei und etwas Gold. Ein Versuch, Arsen und Antimon durch Auslaugen mit Schwefelnatrium bei Gegenwart von Schwefelblumen zu entfernen, gelang nicht in der gewünschten Weise. Man begnügte sich mit dem Abrösten, um möglichst viel Arsen zu entfernen. Das Antimon verblieb zum größten Teil für sich allein als schwer schmelzbares Pentoxyd. Das Material wird mit Soda und wenig Salpeter in Flammöfen verschmolzen. Die Schlacke enthält 0,60—1,80% Ag, neben 30—40% Sb, 5—15% Cu, 10—15% Pb und beträchtliche Mengen gelöster Kieselsäure. Das erhaltene Güldisch ist scheidefähig, die Verhüttung der Schlacke dürfte mit Schwierigkeiten verknüpft sein.

Laugeverfahren. Man benutzt die oxydierende und lösende Wirkung von Ferrisulfat (von Siemens & Halske für die Kupferlaugerei vorgeschlagen). Die im Schlamm anwesenden Metalle verhalten sich zu $Fe_2(SO_4)_3$ wie folgt:

$$2\,Ag + Fe_2(SO_4)_3 = Ag_2SO_4 + 2\,FeSO_4$$
$$Cu + Fe_2(SO_4)_3 = CuSO_4 + 2\,FeSO_4$$
$$Pb + Fe_2(SO_4)_3 = PbSO_4 + 2\,FeSO_4$$
$$2\,As + 3\,H_2O + 3\,Fe_2(SO_4)_3 = As_2O_3 + 6\,FeSO_4 + 3\,H_2SO_4$$
$$2\,Sb + 3\,H_2O + 3\,Fe_2(SO_4)_3 = Sb_2O_3 + 6\,FeSO_4 + 3\,H_2SO_4$$
$$2\,Bi + 3\,H_2O + 3\,Fe_2(SO_4)_3 = Bi_2O_3 + 6\,FeSO_4 + 3\,H_2SO_4.$$

Man laugt in verbleiten Holzbottichen unter Einblasen von Dampf und Luft. Es lösen sich Kupfer und Arsen neben wenig Antimon und Wismut. Da As_2O_3 in der Kälte bedeutend schwerer löslich ist, kann man davon den größten Teil durch anschließende Kristallisation gewinnen. Das Kupfer wird elektrolytisch ausgefällt. An den Bleianoden regeneriert sich das $FeSO_4$ zu $Fe_2(SO_4)_3$. Aus dem ausgewaschenen Rückstand löst man das Antimon mit einer Lösung von 3% Schwefelsäure und 15% Fluorwasserstoff in Wasser unter Lufteinblasen heraus und elektrolysiert auf Antimon. Der Rest wird mit Soda auf Güldischsilber verschmolzen. Er ist etwas wismuthaltig.

Die Bleiraffination in Perchloratlösung. Nach einem Verfahren von Siemens & Halske raffiniert man Blei in einer Perchloratlösung, die neben ca. 5% Blei etwa 4% freie Säure enthält. Das gewonnene Blei ist etwa 99,985 fein und hat ein spezifisches Gewicht von 11,36. Der Anodenschlamm soll fast kein Blei enthalten und während des Betriebes von den Anoden abfallen. Näheres ist aus dem D.R.P. 223668 ersichtlich.

Die Gewinnung des Goldes.

Seit alters her gewann man Seifengold durch einfaches Schlämmen mit Wasser. Das hohe spezifische Gewicht des Goldes und das meist sehr niedrige der Gangart ermöglichte bei reichem Vorkommen diese

Abb. 25. Steinbrecher.

einfache Gewinnungsart. Die spezifisch schweren Goldkörnchen sinken beim Schlämmen leicht zu Boden und sammeln sich so in der Waschpfanne an, wenn sie nicht zu fein verteilt sind und zusammen mit der Gangart fortgeschlämmt werden. Die Handarbeit des Goldwaschens ist sehr umständlich, wird aber noch heute als erstes Raubsystem in neu aufgeschlossenen Lagerstätten angewandt. Es kann der Zufall dem Goldgräber die Arbeit äußerst lohnend machen, bringt aber auch oft schwere Enttäuschungen. Wenn die reichsten Stellen abgebaut sind, so ist dieses primitive Goldsuchen eine Arbeit, die weniger Verdienst schafft als ein anderer Beruf. Die Lebensbedingungen der entlegenen Goldgegenden sind meist so ungünstig, die Teuerung aller Bedarfsartikel ist eine so enorme, daß die primitive Handarbeit bald einem wohlorganisierten maschinellen Betriebe weichen muß. — Das Gold

Abb. 26. Walzenmühle von Fr. Krupp.

primärer Lagerstätten ist der Handarbeit auch in den ersten Gewinnungsstadien schwerer zugänglich. — Wäscht man Seifengold unter gleichzeitiger Amalgamation, so läßt sich schon ein größerer Prozentsatz gewinnen, und die Arbeit wird lohnender.

Die Amalgamation.

Sie wird im Großbetrieb auf amalgamierten Kupferplatten vorgenommen, über welche man das evtl. schon während der Zerkleinerung mit Quecksilber durchmischte nasse Erz leitet. Die Kupferplatten nehmen das amalgamierbare Gold leicht auf, besonders wenn sich schon bereits kleinere Mengen Goldes auf den Platten abgeschieden haben. — Liegt grobes steiniges Erz vor, so wird es zuvor in Steinbrechern (Abb. 25) vorgebrochen; dabei klaubt man Gangarten, welche die Annahme rechtfertigen, daß sie kein Gold enthalten, mit Hand aus.

Die Amalgamation. 49

Das vorgebrochene Erz passiert dann evtl. noch Walzenmühlen (Abb. 26), die es auf eine gewünschte Korngröße bringen, und kommt dann ins Pochwerk (Abb. 27). Es gelangt durch eine Öffnung a (Abb. 28) in den Pochtrog und wird vom Stempel b so weit zerkleinert, daß es das

Abb. 27. Pochwerk der Maschinenbauanstalt Humboldt.

vorgeschaltete Drahtnetz c passieren kann. Während des Pochens führt man ständig Wasser und zeitweilig Quecksilber zu. Die etwa 500 bis 1000 kg schweren Stempel aus Hartguß werden durch Nocken gehoben und fallen auf das in den Pochtrögen vorhandene Erz. Ein Riemenvorgelege übermittelt die Kraftübertragung auf die Nockenwelle. — Das von den Kupferplatten periodisch abgeschabte Amalgam wird mit etwas Quecksilber verflüssigt in Amalgamfiltern filtriert oder durch Amalgampressen (Abb. 29) gepreßt. Das durchgepreßte Quecksilber kehrt zur Amalgamation zurück und das Gold wird aus dem Rückstand durch Destillation aus eisernen Retorten (Abb. 11, S. 25) gewonnen. Man schmilzt es mit wenig Flußmitteln ein, und es ist dann scheidefähig. In Transvaal enthält es etwa 85% Gold neben 12% Silber, 1% Kupfer, etwas Fe usw.

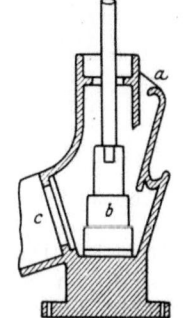

Abb. 28. Pochtrog.

Das durch Amalgamation gewinnbare Gold ist meist nur die Hälfte des in den Erzen vorhanden gewesenen. Zu fein verteiltes Gold wird vom Wasser suspendiert und kann nicht in die richtige Berührung mit dem Quecksilber kommen. Etwas Gold geht auch mit dem Teil des Quecksilbers fort, der sich nicht wiedergewinnen läßt. Das meiste chemisch gebundene Gold und auch solches, das in den Spaltflächen von Pyriten feinst eingeschlossen ist, amalgamiert sich nicht. In Transvaal trennt man letzteres vom Material, das die Amalgamierplatten verläßt, indem man alles über Stoßherde (Abb. 30) leitet, welche leicht geneigt sind und in einer dem Schlammstrome senkrechten Richtung maschinell gestoßen werden, so daß die schweren Pyrite — in Transvaal „Concentrates" genannt — seitlich abrollen. Sie werden für sich verarbeitet. Die Nutzbarmachung der den Stoßherd verlassenden Schlämme ist Aufgabe der

Abb. 29. Amalgampresse von Fr. Krupp.

Zyanidlaugerei des Goldes.

Elsner entdeckte im Jahre 1844, daß Gold in Kaliumzyanid bei Gegenwart von Sauerstoff oder oxydierender Substanzen löslich ist:

$$4Au + 8KCN + 2H_2O + O_2 = 4KAu(CN)_2 + 4KOH.$$

Nach neueren Untersuchungen von Bodländer und Christy verläuft die Lösung des Goldes in zwei Reaktionen:

$$2Au + 4KCN + 2H_2O + O_2 = 2KAu(CN)_2 + 2KOH + H_2O_2$$
$$2Au + 4KCN + H_2O_2 = 2KAu(CN)_2 + 2KOH.$$

Abb. 30. Stoßherd von Fr. Groeppel.

Die Auslaugung verläuft um so schneller, je feiner das Gold verteilt ist. Das Verfahren ist anwendbar für Erze, welche möglichst frei sind von Stoffen, welche Zyan verbrauchen, Gold fällen oder reduzierend wirken.

Die ältere Arbeitsweise. Die die Stoßherde verlassende Trübe wird in Filtrier- und Überlaufbottiche (Abb. 31) oder Spitzlutten geleitet. Hier sammeln sich die gröberen Sande (in Transvaal „tailings" genannt) am Boden an, während die Schlämme „slimes") überlaufen und in besondere Behälter dirigiert werden. — Die in den Spitzlutten oder Überlaufbottichen ausgeschiedenen Sande gelangen in große Filtrierbottiche aus Piche-Pine oder Eisen mit einem Fassungsvermögen von 100—700 t. Ihr Boden ist mit einem Lattenrost versehen, welcher mit einem geeigneten Filtriermaterial, z. B. Kokosmatten, dicht überdeckt ist. Sie besitzen seitlich festschließende Türen zum Austragen des Inhalts. Unter diesen Bottichen befinden sich Gefäße, welche das Filtrat aufnehmen können. Man wäscht die Sande zunächst, um unnützen Zyanidverbrauch zu vermeiden, der durch Säurebildung durch noch vorhandene Pyrite usw. entstehen könnte, mit leicht alkalischem

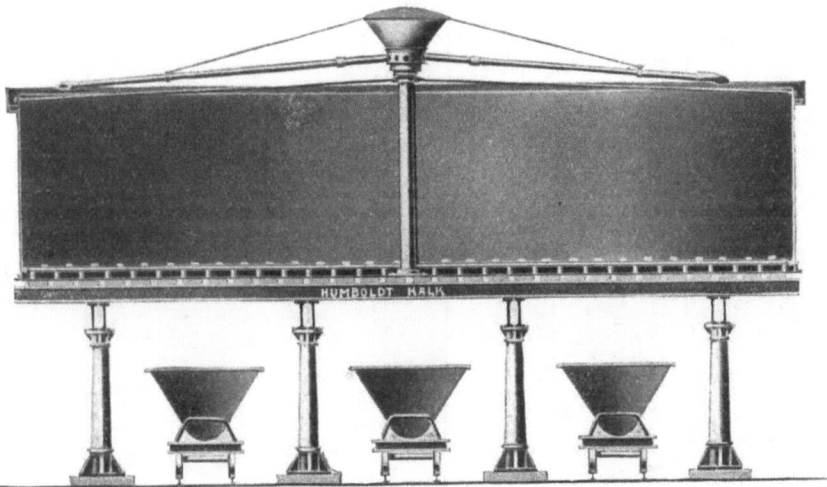

Abb. 31. Überlaufbottich von Humboldt.

Wasser aus; dann füllt man den Bottich mit einer Zyanidlauge in einer Menge von etwa 70% des Sandgewichtes, welche nach den Erfahrungen von McArthur Torrest etwa 0,35% Zyanid enthalten soll. Die Filtration dauert 4—5 Tage. Man filtriert nunmehr nochmals mit 0,08%-iger Lauge, wobei man etwa 20% vom Sandgewicht nimmt. In etwa zwei Tagen ist auch diese Filtration beendet. Jetzt wird der Sand mit etwa 10% Waschwasser gewaschen, was vielleicht einen Tag dauert. Auf diese Weise werden etwa 75% des in den Sanden vorhanden gewesenene Goldes ausgelaugt. Stärkere Zyanidlösungen erhöhen die Ausbeute kaum. Man kann sie aber steigern, wie es vielfach geschieht, wenn man die vorgelaugten Sande in ein anderes Gefäß schaufelt. Die dabei stattfindende innige Berührung der Sande mit Luft läßt beim nochmaligen Auslaugen eine weitere Menge Goldes in Lösung gehen. Die Ausbeute an Gold erhöht sich dabei auf etwa 85%.

Die vom Sande getrennten Schlämme lassen sich in gewöhnlichen Bottichen nicht filtrieren. Man laugt sie in Bottichen ohne Filterböden, aber mit Vorrichtungen, welche die Lauge in Bewegung halten und mit Luft durchmischen. Die geklärte Lösung wird dekantiert und durch Dekantation gewaschen oder in Filterpressen filtriert. Die Auslaugung ist in wenigen Stunden beendet.

Die neuere Arbeitsweise. Die kurze Extraktionsdauer der Schlämme und die Einführung der Kruppschen Naßgrießmühle, sowie die Erfindung brauchbarer und schnell arbeitender Filtrierapparate für Schlämme führte schließlich dazu, daß sich viele Goldminen entschlossen, alles auf Schlammfeinheit zu vermahlen. Was die Amalgam-

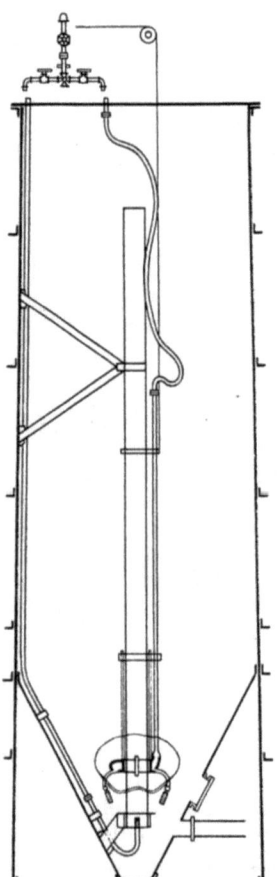

Abb. 32. Pachuka-Bottich[1]).

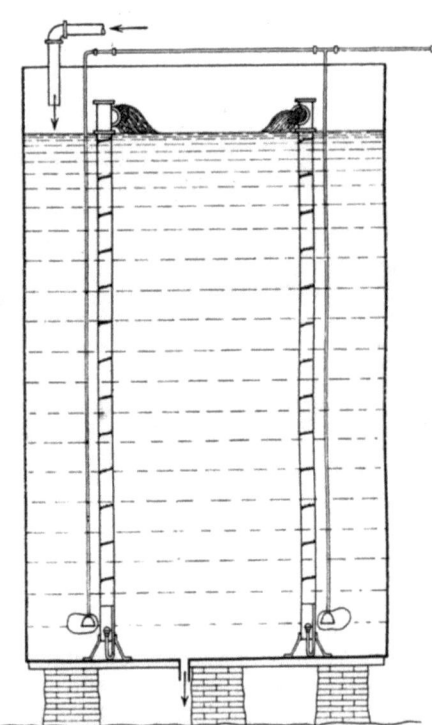

Abb. 33. Parral-Bottich[1]).

platten verläßt, wird in Rohrmühlen auf Schlammfeinheit zermahlen; die noch übrigbleibenden Sande werden in Spitzlutten vom Schlamm getrennt und kommen in die Mühlen zurück. Der Schlamm wird den Laugebottichen zugeführt. Von diesen gibt es zwei brauchbare Systeme, die beide mit eingeblasener Luft arbeiten.

Die Konstruktion des Pachuka-Bottichs ist aus Abb. 32 ersichtlich. Eine Druckluftleitung mündet in ein weites, in der Mitte befindliches Rohr. Beim Durchblasen von Luft wird der auf dem Gefäßboden befind-

---

[1]) Aus Borchers, Hüttenwesen. Halle a. d. S.: W. Knapp.

Zyanidlaugerei des Goldes.

liche Schlamm mit Luftbläschen imprägniert und steigt durch das Zentralrohr empor, um oben die Luft wieder abzugeben und außerhalb des Rohres wieder niederzusinken. Eine zweite Luftleitung, die am Zentralrohr entlang führt und in schräg gerichteten Düsen ausmündet, dient dazu, um evtl. fest am Gefäßboden sitzenden Schlamm wieder aufzurühren.

Die Parral-Bottiche (Abb. 33) arbeiten mit Druckluft, die nicht kontinuierlich, sondern stoßweise in mehrere Steigrohre geblasen wird. Diese periodische Arbeitsweise wird auf einer auf der Druckluftleitung sitzende, geführte und durch Bügel gehaltene Kugel bewirkt. Die entweichende Luft gelangt durch das Steigrohr als abgeplattete Kugel und wirkt wie ein Kolben. Um im Bottich eine kreisende Bewegung hervorzurufen, sind die Steigrohre oben mit T-Stücken versehen, deren Mündung tangential zum Bottichrande gerichtet ist. Die Luftblase entweicht oben, der Schlamm seitlich.

Die Goldlösung wird durch Filtrieren mit Filterpressen vom entgoldeten Schlamm befreit. Man gewinnt das Gold aus ihr meist durch

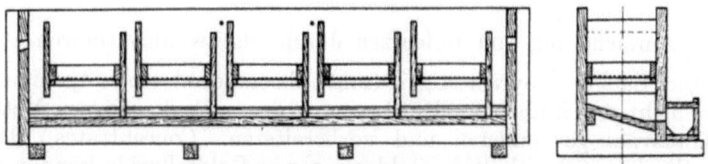

Abb. 34. Zinkfällbottich[1]).

Die Zinkfällung, indem man die geklärten Laugen durch Holzbottiche laufen läßt, deren Kammern mit Zinkspänen gefüllt sind. Ein Zinkfällbottich ist in Abb. 34 wiedergegeben, seine Wirkungsweise daraus leicht zu entnehmen. Die Fällung verläuft nach folgender Reaktion

$$2\,\mathrm{KAu(CN)_2} + \mathrm{Zn} = \mathrm{Zn(CN)_2} \cdot 2\,\mathrm{KCN} + 2\,\mathrm{Au}.$$

Es finden aber mehrere Nebenreaktionen statt und der tatsächliche Zinkverbrauch ist etwa 40 mal so groß als der theoretische. Damit die Fällung glatt vonstatten geht, müssen die Laugen überschüssiges Zyanid enthalten, was aber besonders bei den Schlammlaugen wenig der Fall ist. Nach Betty wird diese Schwierigkeit überwunden, indem man verbleite Zinkspäne anwendet. Man stellt sie her durch Eintauchen von Zinkspänen in 10%ige Bleiazetatlösung und sie wirken durch Bildung von Lokalelementen gut reduzierend.

Nach Merill fällt man Gold rationeller durch Zinkstaub, indem man die Goldlösung in besonderen Mischern mit Zinkstaub mischt und die Emulsion dann in eigens für diesen Zweck konstruierte Filterpressen pumpt, welche das Gold zusammen mit dem überschüssigen Fällungsmittel auffangen.

Das am Zink resp. am verbleiten Zink anhaftende Gold wird zusammen mit dem ausgefälltem Ag, Sb, As, Cu usw. abgespült, die anhaftenden Zinkspäne werden durch Schwefelsäure fortgelöst und das Gold mit Flußmitteln zu Barren verschmolzen.

---

[1]) Aus Borchers, Hüttenwesen. Halle a. d. S.: W. Knapp.

Die Aluminiumfällung. Nach Hamilton läßt sich Gold aus alkalischen Zyanidlösungen rein und vollständig durch Aluminium ausfällen. Dieses im Laboratorium oft benutzte Verfahren scheint sich auch in den Goldminen teilweise durchsetzen zu können.

Elektrolytische Goldfällung. Nach dem Verfahren von Siemens & Halske, die übrigens das Gold mit stärkerem Zyanid laugen, werden die Laugen unter Anwendung von Eisenblechen als Anoden und Bleiplatten als Kathoden bei einer Spannung von 2—3 Volt und einer Stromdichte bis 0,5 Ampere auf den Quadratmeter bis zu 80% entgoldet. Nach Ergänzung von Zyanidverlusten kehren die Laugen in den Betrieb zurück. Die bis auf 10% mit Gold angereicherten Bleiplatten werden abgetrieben.

Neumann empfiehlt Kohlekathoden zu verwenden und diese, nachdem sie genügend mit Gold bedeckt sind, in saurer Goldlösung als Anoden zu schalten und auf Feingold zu elektrolysieren. Wie dieses Verfahren in der Praxis ausgeführt wird, ist uns nicht bekannt.

Anreicherung von Golderzen durch Ölschwimmverfahren.

Die Laugung pyrithaltiger Golderzbestandteile mit Zyaniden ist meist nicht durchführbar. Die Laugung der nach der älteren Methode in Transvaal gewonnenen und vorbereiteten „Concentrates" dauert viele Wochen. Pyrithaltige Golderze sowie Goldtelluride können nach gründlicher Abröstung mit gutem Erfolg gelaugt werden. Diehl hat durch Zusatz von wenig Bromzyan (ca. 0,05% auf 0,2%iges Zyanid) auch ohne Röstung gute Erfolge erzielt. Die Röstung läßt sich auf einen Bruchteil des Materials beschränken, wenn man das feinst vermahlene sulfidische Erz nach dem Ölschwimmverfahren aufbereitet. Die sulfidischen Teilchen des Erzes werden besonders leicht vom Öl benetzt und mit diesem an die Oberfläche des Wassers gerissen. Zu diesem Zweck wird das Erz zusammen mit viel Wasser und wenig Öl in besonderen Apparaten durch mechanische Vorrichtungen lebhaft durchgerührt; der Ölschaum enthält das meiste Gold und wird in Filterpressen verarbeitet, das ausgepreßte Öl kehrt in den Betrieb zurück. Der Ölverbrauch dürfte sich auf 1 kg pro Tonne Erz stellen. Die Schlämme lassen sich durch Mitverwendung von Bromzyan weiter auslaugen.

Die Chloration.

Sie eignet sich für Erze, die arm an Chlor verbrauchenden Stoffen sind. Als schädlich haben zu gelten CaO, MgO, auch Cu, Pb und Zn. Vorhandenes S, Te, Sb, As wird durch vorhergehendes Rösten zerstört. — Die Golderze werden auf Steinbrechern vorgebrochen, dann in Walzwerken zerkleinert und schließlich in Feinwalzwerken auf etwa 2 mm Korngröße vermahlen. Hierauf röstet man sie, meist in Pearce-Öfen, ab. — Man chloriert das Röstprodukt in drehbaren Trommeln aus Eisenblech mit Bleiauskleidung und eingelassenen hölzernen Filterrahmen, welche z. B. 5 t Erz und 2 t Wasser fassen (Abb. 35). Das Chlor wird aus etwa 60 kg H_2SO_4 und 30 kg Chlorkalk entwickelt. Nach beendigter

Chloration filtriert man innerhalb der Trommel durch Anwendung von Preßluft und wäscht mit Wasser nach. Das Filtrat wird in Fässer weitergeleitet, die mit Blei ausgekleidet sind. Die Fällung nimmt man am

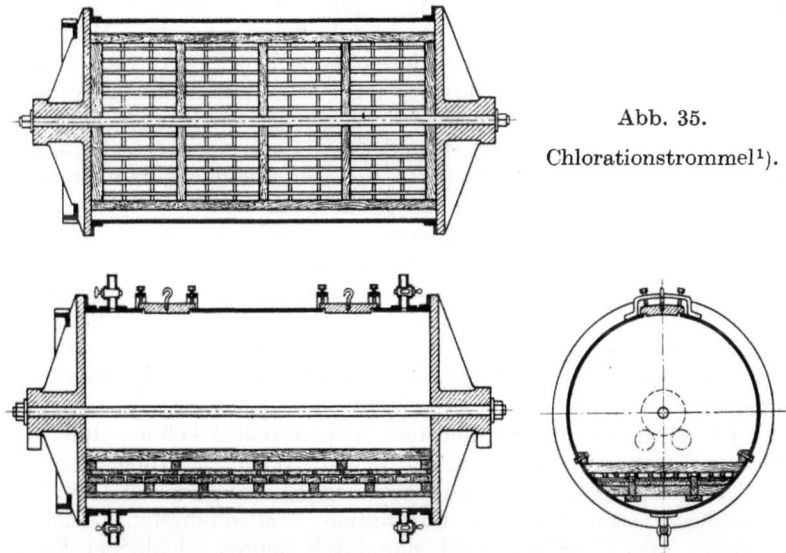

Abb. 35.
Chlorationstrommel[1]).

besten mit H_2S vor und trennt den Niederschlag von der entgoldeten Lösung in Filterpressen. Die Filterkuchen werden in Muffelöfen gut abgeröstet und dann mit Soda und Borax in Tiegelöfen eingeschmolzen.

II. Die Rückgewinnung der Edelmetalle.

Die Altmaterialien und Abfälle.

Die Rückgewinnung der Edelmetalle läuft stets auf ein Anreichern derselben in einer möglichst feinen, d. h. von Unedelmetallen freien Legierung hinaus. In diesen Legierungen müssen die Edelmetalle anschließend voneinander getrennt oder geschieden werden.

Bei der Verhüttung von Edelmetallen, bei der Scheidung der Edelmetalle voneinander und von Unedelmetallen, bei der Fabrikation von Schmuckgegenständen, technischen Artikeln und Münzen fallen stets und immer Rückstände. Ferner liefert auch die Abnutzung von Fertigwaren nicht wenig Altmaterial, das seinen Weg zur neuen Verwendung wiederfinden muß.

Jeder Fußbodenkehricht aus Betrieben, die mit Edelmetallen zu tun haben, ist edelmetallhaltig, sei es nun Kehricht aus Silberhütten, Raffinerien, Scheideanstalten, Edelmetallschmelzereien, Münzen, Gold- und Silberwalzwerken, Gold- und Silberwarenfabriken oder aus den Werkstätten der Goldschmiede und Juweliere. Die Fabrikation liefert

---

[1]) Aus Borchers, Hüttenwesen. Halle a. d. S.: W. Knapp.

sowohl dem Umfang als auch dem Inhalt nach die meisten Abfälle. Sie werden je nach ihrem Ursprung, der mit dem Gehalt an Edelmetall zusammenhängt, stets getrennt gehalten. So sammelt die Fabrikation Stanzabfälle, Späne, Feilung, Lotabfälle, Brettgekrätz, Schliff, Exhaustorenstaub, Tiegelgekrätz, Tiegelschlacken, Ofenaschen, Maschinenstaub und hält diese Gekrätze, jedes für sich getrennt, vom ärmsten Gekrätz, dem Fußbodenkehricht, fern. — Verbrauchte galvanische Bäder, Beiz- und Brennwässer, Spülwässer werden für sich ausgefällt, Waschwässer werden filtriert, Handtücher, Putzlappen, selbst Kleidung werden in besonderen Wäschereien für sich behandelt, resp. wenn sie abgenutzt sind, verascht und die Asche gesammelt.

Gegenstände, die ihren Dienst getan, wie unmodern gewordene oder zerbrochene abgenutzte Schmucksachen, abgenutzte, ausländische und außer Kurs gesetzte Münzen, photographische Platten, Papiere, Filme, Fixierbäder, alte Instrumente, Zahngebisse, verdorbene oder abgenutzte Chemikalien, Kontaktmassen usw. sammeln sich dank ihres Materialwertes im Handel an und suchen den Weg zur Neuverwertung ihres Edelmetallinhalts.

Die wenigsten Rückstände und Altmaterialien können durch einfaches Einschmelzen der mechanischen Neuverarbeitung zugeführt werden. Stanzabfälle, reine Feilung, ausgewähltes Altmaterial läßt sich evtl. durch schmelzflüssige Raffination verwendungsfähig machen; ähnliches, aber manchmal auch nur durch Spuren schädlicher Fremdmetalle verunreinigtes Material sowie das meiste Altmetall bedarf der Scheidung. Reichstes Gekrätz, wie Fällungen, abgenutzte Chemikalien, reiche Abfälle lassen sich durch verschlackendes Schmelzen als Legierung wiedergewinnen, ärmere Sachen, wie Schliff, Tiegelschlacken usw. müssen meist ihren Edelmetallgehalt erst an unedle Metalle abgeben und werden aus diesen als Edelmetallegierung wiedergewonnen; Tiegelkrätz, Fußbodenkehricht müssen den Hüttenprozeß durchlaufen und resultieren auf ähnliche Art eine Legierung der Edelmetalle, die zuletzt dem Scheideprozeß unterworfen werden muß. Wir untersuchen nunmehr zuerst die Methoden, wie man aus Rückständen zur Legierung gelangt.

Die Schmelzöfen.

Die Koksöfen gestatten den einfachsten Betrieb bei billigsten Anschaffungskosten. Öfters sind sie auch wegen der von ihnen entwickelten Unterhitze anderen Öfen vorzuziehen. Ihr thermischer Wirkungsgrad beträgt etwa 3—8%. In den Schmelzereien zieht man oft Öfen mit mehreren Schächten nebeneinander vor, um mehrere Schmelzungen gleichzeitig ausführen zu können. In letzter Zeit ordnet man über den Abzügen eine Flugstaubkammer an, in welche einige Muffeln eingebaut sind, welche vorzuwärmende Tontiegel aufnehmen können. Der Schacht wird so weit gehalten, daß der äußere obere Tiegelrand 8—10 cm von der Wandung entfernt ist. Da diese Öfen von einem einzigen Schmelzer bedient werden, ist der größte Tiegelinhalt 15—20 kg, der Tiegeldurchmesser entsprechend etwa 18 cm, die

Schachtweite also ca. 38 cm oder 1½ Steinlängen. Man mauert den inneren Schacht aus Schamottesteinen quadratisch oder rechteckig, damit man auch bequem mit mehreren kleineren Tiegeln nebeneinander

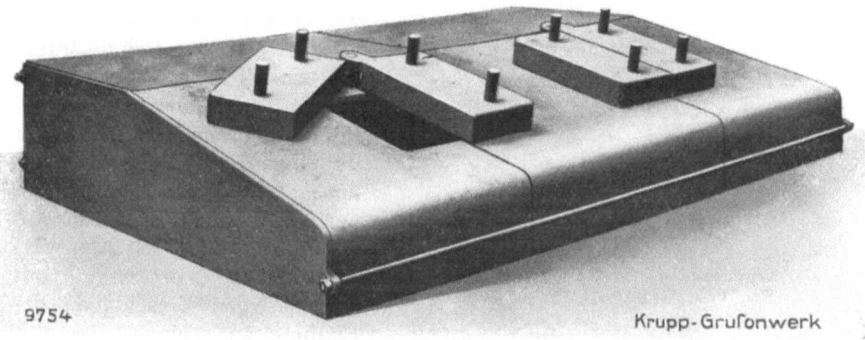

Abb. 36. Tiegelofen mit natürlichem Zug.

arbeiten kann. Die Schachthöhe beläuft sich vom Rost auf ca. 35 cm oder 7 Schichten. Die Öfen werden in Eisen gefaßt. Größere Öfen werden meist in den Fußboden eingelassen (Abb. 36). — Abb. 37 zeigt einen Koksofen, wie er von vielen Ofenfabriken fertig geliefert wird. Die Schamotteauffütterung ist aus einem Stück gebrannt und von kräftigem Eisenblech umfaßt. Die Öfen werden von 5—200 kg Tiegelinhalt gebaut. — Für höhere Temperaturen und schnelles Arbeiten eignen sich Koksgebläseöfen (Abb. 38). Die erforderliche Preßluft wird zweckmäßig von einem Jägerschen Kreiskolbengebläse geliefert (Abb. 39).

Die Gasöfen. Sie gestatten ein sauberes und schnelles Arbeiten. Man benutzt meist das nicht billige Leuchtgas. Größere Anlagen bedienen sich vorteilhaft selbsthergestellten Wassergases. Abb. 40 zeigt einen Leuchtgasgebläseofen, der in den Größen von 5—100 kg Tiegelinhalt ge-

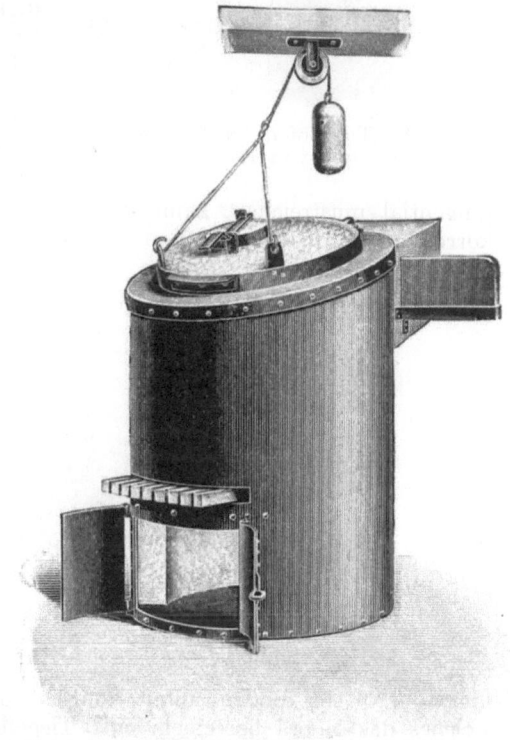

Abb. 37. Einfacher Kokstiegelofen von K. Issem.

Abb. 38. Tiegelofen für Koksgebläsefeuerung von K. Issem.

baut wird. Ein Vorzug dieser Öfen ist, daß sie eine nicht sehr zerbrechliche, aber auch leicht auswechselbare Muffel besitzen, welche ein guter Wärmeschutz für den inneren Schmelzraum ist. Auch führt ein Abzugsrohr vom Muffelraum aus zum Kamin, so daß ein Rauchfang, der die Abgase abführen soll, nicht nötig ist. Man könnte aber verlangen, daß die Düsenwandungen so stark gehalten würden, daß man nicht mit dem lästigen Einschlagen der Flamme zu rechnen braucht. Starke Düsen leiten eben die Wärme besser ab. Der Düsenquerschnitt muß selbstverständlich so bemessen sein, daß die Ausströmungsgeschwindigkeit im Querschnitt größer ist, als die Verbrennungsgeschwindigkeit des Luftgasgemisches. Kleiner Düsenquerschnitt und hoher Luftdruck schafft auch höhere Temperatur. Da die Stichflammen den Tiegel tangential umstreichen, kann sich ihre Schärfe nicht auf den Tiegel korrodierend auswirken. Von einem Gasofen kann man ferner ver-

Abb. 39. Jaegersches Kreiskolbengebläse.

langen, daß der Boden unten konisch in ein Loch ausläuft, durch welches das Metall bei einem evtl. Tiegelbruch auslaufen kann, ohne sich im Ofenboden in der Schamotte anzusaugen. Auch leichte

Spritzer, die Unedelmetall enthalten, sollten so schnell wie möglich abfließen können, da die Unedelmetalle mit der Schamotte eine Schlacke bilden, die den ganzen Boden bedecken kann, die in der Hitze klebrig wird, so daß der Tiegeluntersatz anklebt und sich noch andere Unzuträglichkeiten ergeben. Das Gesagte gilt auch für Ölöfen. — Kleinere Gasöfen sind in diesen Beziehungen weniger empfindlich. Auch baut man sie meist ohne Abzugsrohr (Abb. 41), so daß die Gase durch die mittlere Deckelöffnung entweichen. Schmilzt man reines Metall, so hat man unter keinen Dämpfen zu leiden, nur strömt die Kohlensäure in die Schmelzhalle.

Die Ölöfen. Sie gestatten gleichfalls ein sauberes Arbeiten, liefern eine hohe Temperatur und bieten die Möglichkeit, nach Belieben mit oxydierender oder reduzierender Flamme zu schmelzen. Falls sie ohne Abzugrohr gebaut sind, so ist die Anbringung eines Rauchfanges unerläßlich.

Kippbare Tiegelöfen sind zu empfehlen, wenn man laufend größere Mengen an einheitlichem Material zu schmelzen hat. Der Mechanismus für die

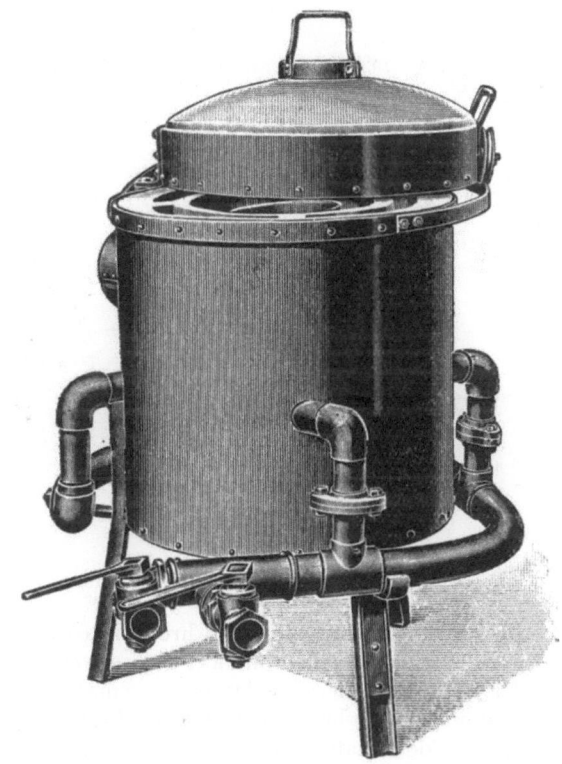

Abb. 40. Leuchtgasgebläseofen von K. Issem.

Kippbewegung wird verschiedenartig ausgeführt (Abb. 42[1]) und 43).

Flammöfen werden kippbar und feststehend mit Abstichloch ausgeführt (Abb. 44)[1]. Sie eignen sich, wenn laufend einheitliches Material verschmolzen werden muß. Sie arbeiten mit besserem Wärmeeffekt als die Tiegelöfen, doch sind die Verdampfungsverluste größer, da die Flamme die Metalloberfläche stark erhitzt, so daß eine Verdampfung möglich ist, ehe ein Wärmeausgleich nach unten stattgefunden hat. Ihr Ofenfutter hält nicht solange wie das der Tiegelöfen.

Die elektrischen Öfen besitzen den höchsten thermischen Wirkungsgrad, doch sind die Stromkosten an und für sich oft hoch und steht nicht immer die gerade erforderliche Spannung zur Verfügung. — Von

---

[1]) Schmidtsche Ölfeuerungswerke, Neckarsulm.

den durch indirekte Widerstandserhitzung betriebenen Öfen können die Drahtspulen- und Kohlengrießöfen direkt an ein Leitungsnetz von 110 bis 220 Volt Spannung angeschlossen werden. — Drahtgewickelte Öfen lassen sich aber nicht dauernd auf die erforderlichen hohen Temperaturen

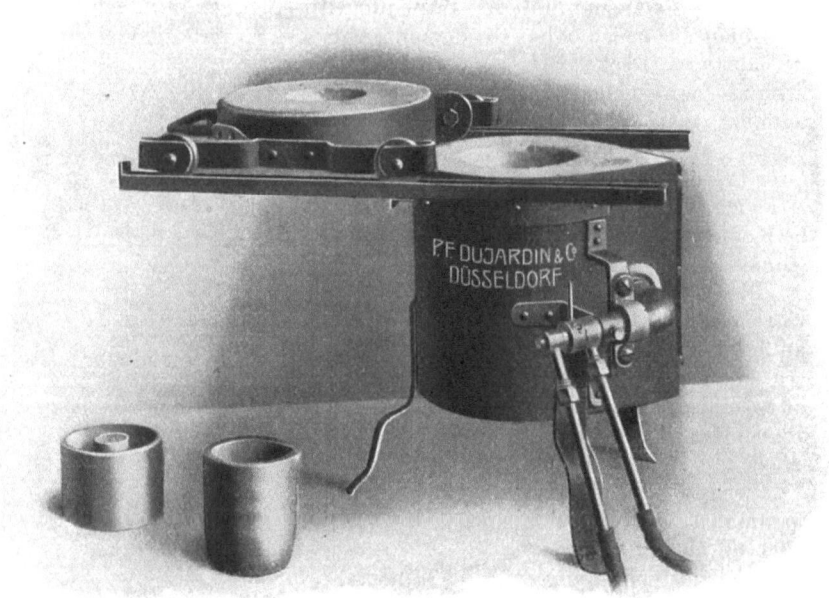

Abb. 41. Kleiner Gasgebläseofen.

erhitzen, besonders wenn man Chromnickeldraht als Widerstand benutzt. Platin hält mehr aus, sublimiert aber etwas und zersetzt sich auch elektrolytisch. Reduzierende Atmosphäre macht es brüchig. — Kohlengrießöfen müßten gut brauchbar sein, doch gibt es vorläufig kaum Modelle, die für Edelmetallschmelzungen geeignet erscheinen. — Beliebt sind Öfen, deren Heizwiderstand durch den Tiegel selbst gebildet wird. Abb. 45 zeigt einen solchen, wie er von der Firma Helberger gebaut wird. — Da der geringe Widerstand des Graphittiegels eine geringe Betriebsspannung von 4—24 Volt erfordert, muß bei vorliegendem Wechselstrom im Stromnetz dieser durch einen Transformator umgeformt werden. An den niedrig gespannten Sekundärstromkreis ist der Tiegel angeschlos-

Abb. 42. Kippbarer Tiegelofen für Ölfeuerung.

Abb. 44. Kippbarer Ölflammofen.

Die Schmelzöfen. 61

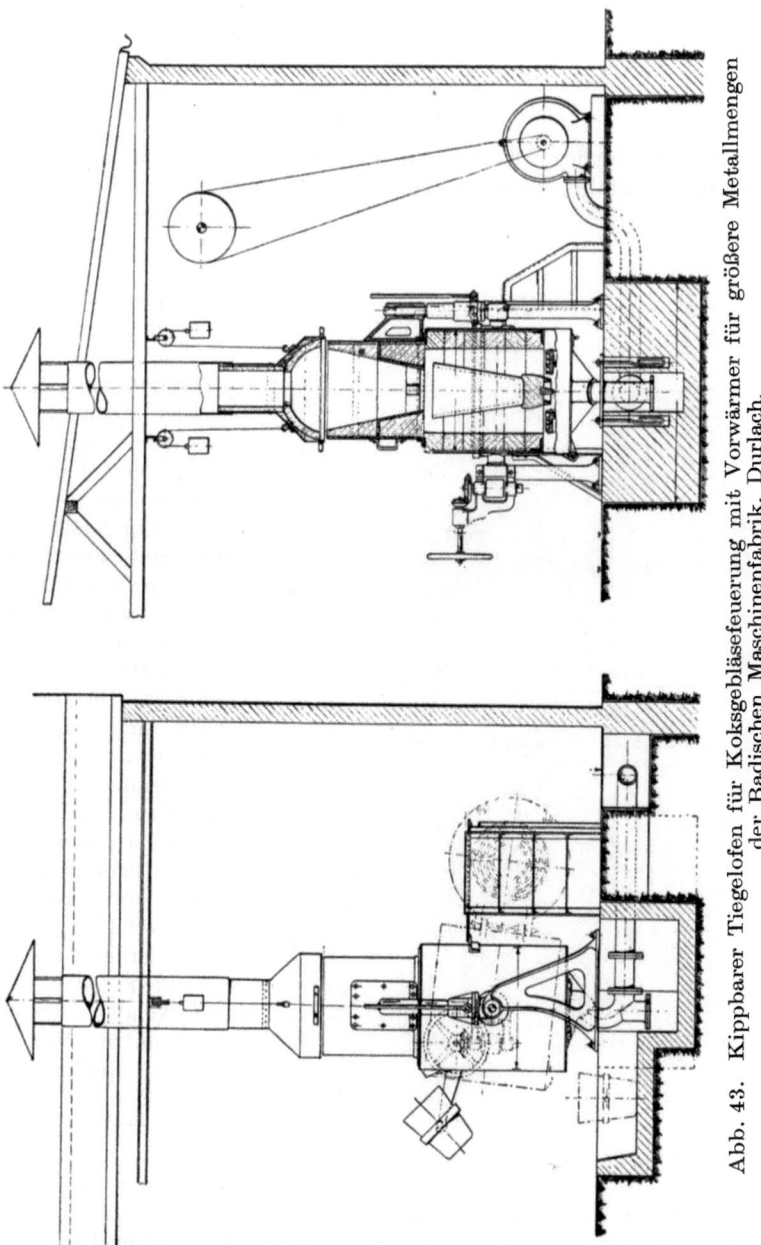

Abb. 43. Kippbarer Tiegelofen für Koksgebläsefeuerung mit Vorwärmer für größere Metallmengen der Badischen Maschinenfabrik, Durlach.

sen. Bei Gleichstrom im Stromnetz muß die niedrige Spannung durch einen Einankerumformer hergestellt werden.

Bei wenigen Scheideanstalten sind auch Strahlungsöfen, sowie mittelbar oder unmittelbar wirkende Lichtbogenöfen in Gebrauch.

Die Tiegel.

Die Graphittiegel dienen zum Einschmelzen reiner und wenig verunreinigter Metalle, sowie zum reduzierenden und verschlackenden Ausschmelzen oxydhaltiger Gemenge. Für Oxydationsschmelzungen und Abtreibungen sind sie nicht verwendbar. Geringe Mengen von Oxydationsmitteln schaden weniger, wenn sie nach dem Einschmelzen auf den Metallspiegel gestreut werden. Man fertigt Graphittiegel aus einem Gemenge von etwa 50 Teilen Graphit, 25 Teilen Ton und 25 Teilen Schamotte oder Tiegelscherben. Die Graphittiegel sind an einem warmen und trocknen Ort aufzubewahren und vor dem ersten Gebrauch in den noch kalten Ofen einzusetzen und langsam auf Rotglut zu erhitzen. — Tontiegel werden zum oxydierenden oder verschlackenden Schmelzen benutzt. Man fertigt sie aus etwa 40 Teilen Ton, 50 Teilen Schamotte, 5 Teilen Holzkohle und 5 Teilen Koks oder Graphit. Es gibt noch sehr viele andere Mischungsverhältnisse. Tiegel mit Graphitzusatz sind etwas haltbarer. Die Behandlung der Tontiegel muß eine besonders vorsichtige sein, da sie schon bei wenig ungleichmäßiger Temperatur leicht reißen. Sie können in der Regel nur einmal benutzt

Abb. 45. Helberger-Ofen.

werden, oder man muß mehrere Chargen hintereinander so einschmelzen, daß die Tiegel inzwischen nicht erkalten.

Das Einschmelzen von Metallen.

Feinsilber und Feingold werden ohne jeden Zusatz in Graphittiegeln eingeschmolzen. Schmilzt man dagegen Legierungen, Altmetall, Fabrikationsabfälle und dergleichen, so muß man mit der Gegenwart von Cu sowie Zn, Sn, Pb und anderen Verunreinigungen rechnen, welche sich zum Teil oxydieren und deren schwer schmelzbare Oxyde auf der Oberfläche schwimmen und beim Ausgießen zum Teil am Graphittiegel haften bleiben, dessen Wandungen korrodieren, Edelmetallteilchen einschließen, die Oberfläche der erschmolzenen Barren verunreinigen und sie unansehnlich und chemisch uneinheitlich machen. Beim Einschmelzen von feineren Schnitzeln bilden sich auf diesen schon vor der eigentlichen Schmelztemperatur Oxydschichten, welche das Zusammenschmelzen sehr verhindern. Um diese Oxyde unschädlich zu machen, benutzt man die Lösefähigkeit von Borax für sämtliche Metalloxyde und gibt von diesem Flußmittel während des Einschmelzens geringe Mengen zu. Der Borax löst die Oxyde zu Boraten und auch etwas Edelmetall zu einer oft nicht sehr dünnflüssigen Schlacke, welche beim Ausgießen teilweise auf den Barren gerät, teilweise aber an den Tiegelwandungen anhaftet, diese etwas korrodiert und auch mechanisch etwas Edelmetall einschließt.

Die Oxydbildung läßt sich vermeiden, wenn man unter Zusatz von Kohlenpulver einschmilzt. Die Kohle reduziert die sich bildenden Oxyde oder läßt deren Bildung nicht zu, korrodiert den Tiegel nicht und inkludiert nur wenig mechanisch zerstäubtes Edelmetall. Kohlengrieß inkludiert mehr davon.

Bei sämtlichen Schmelzungen von legierten Edelmetallen ist der Tiegelinhalt ein wenig zu überhitzen, aber nicht so stark, daß sich beträchtliche Mengen Edelmetall verflüchtigen können, dann mit einem eisernen Löffel gut durchzumischen und dann erst auszugießen. Die gußeisernen Eingüsse sind leicht vorzuwärmen und etwas einzuölen.

In Scheidebetrieben muß das geschmolzene Edelmetall oft granuliert werden, um ihm so eine möglichst große Oberfläche zu verschaffen oder um es, wie bei Feinsilber, in einer leicht auswägbaren und für Legierungszwecke geeigneten Form zu erhalten. — Um eine große Oberfläche zu erhalten, muß man in dünnem Strahl langsam gießen und darf das Wasser, in welches man granuliert, nicht zu warm werden. — Die erforderliche Größe der Granulationsgefäße, die man vorteilhaft aus Kupfer herstellt, ergibt sich aus der zu granulierenden Menge an Metall, seiner Schmelzwärme und seinem Hitzegrad. Sind z. B. 10 kg Feinsilber zu granulieren, das auf 1000^0 erhitzt ist, und soll die Wassertemperatur von 15^0 auf höchstens 25^0 steigen, so muß man das Kupfergefäß, abgesehen von seinem Wasserwert, so groß wählen, wie es sich aus folgender Rechnung ergibt, wenn 961^0 der Schmelzpunkt, etwa 0,07 die mittlere spezifische Wärme des flüssigen, 0,06 die des festen und 21 die Schmelzwärme des Silbers ist:

$10 \cdot (1000 - 961) \cdot 0{,}07 + 10 \cdot (961 - 25) \cdot 0{,}06 + 10 \cdot 21 = x \cdot (25 - 15)$

$$x = \frac{390 \cdot 0{,}07 \quad 9360 \cdot 0{,}06 \quad 210}{10} \sim 80 \text{ Liter.}$$

Raffinierendes Einschmelzen von Edelmetallen.

Es hat meist den Zweck, geringe aber für die mechanische Verarbeitung schädliche Verunreinigungen zu entfernen. Dies sind Bi, Sn, Pb, Zn, Fe, Cd usw. Man arbeitet, falls Sauerstoff mitwirkt, in Tontiegeln, sonst in Graphittiegeln.

Bi entfernt man aus Silber, wie auf S. 4 bereits angegeben, durch Verschmelzen mit Sand und Silbersulfat.

Ein gutes, aber wenig angewandtes Mittel ist der Phosphor. Er wird in geringer Menge zugegeben, so daß er sich wohl erst legiert, dann sich aber mit den Verunreinigungen, zu denen er die größte Verwandtschaft hat, verbindet und sie verschlackt, nicht aber im Edelmetall verbleibt. Diese Methode ähnelt der Phosphorbronzeherstellung.

Ein Zusatz von Kochsalz und Schwefel, resp. bei Silber auch Kochsalz und Silbersulfat, dürfte durch Chlorbildung günstig wirken, indem sich die Verunreinigungen verflüchtigen. — Chloriert man mit so viel $CuCl_2$, als es den Verunreinigungen entspricht, so verflüchtigen sich diese als Chloride zusammen mit CuCl. Will man auch Kupfer mit diesem Mittel chlorieren (setzt man also viel $CuCl_2$ zu), so kann die Methode verlustreich werden. — In England chlorierte man früher direkt mit freiem Chlor. Man suchte auf diese Weise aus Rohgold mit wenig Kupfer dieses und das mehr vorhandene Silber zu entfernen und so das Gold münzfähig zu machen, was auch gelang. Die Methode wurde aber als zu verlustreich aufgegeben.

Die Schwefelung von Silber ist bei anderer Gelegenheit bereits beschrieben worden. Auch Goldlegierungen lassen sich nach Rößler schwefelnd raffinieren. Der dabei entstehende Stein enthält aber nicht nur Silber, sondern auch Gold.

Beliebt, und vielleicht mit Recht, ist das „Abtreiben" (von Feilung usw.) mit Salpeter im Tontiegel. Es oxydieren sich bei sachgemäßer Ausführung zumindest alle Verunreinigungen. Man setzt dabei so viel Salpeter zu, daß sich auch so viel Cu oxydiert, als es in der benötigten Legierung überflüssig ist, welche meistenteils sofort wieder in die mechanische Verarbeitung geht. Etwas Edelmetall verschlackt, mit Verflüchtigungen ist weniger zu rechnen.

Ein raffinierendes Schmelzen ist bei geringer Verunreinigung stets zu empfehlen. Größere Verunreinigungen beseitigt man vorteilhafter durch verschlackendes Schmelzen. Besonders die Verflüchtigungsverfahren sind bezüglich Kupfer mit Vorsicht aufzunehmen. Kupfer läßt sich im Treibprozeß, nach dem neueren Verblaseverfahren, durch die Diezel-Elektrolyse und schließlich nach dem Verfahren von Dr. Carl, Wien (D. R. P. und Auslandspatente) entfernen.

Verschlackendes Einschmelzen von Edelmetallabfällen.

Edelmetallabfälle, die neben metallischen Verunreinigungen noch mit SiO_2, Al_2O_3, CaO, FeO, ZnO, aber in nicht zu reichem Maße behaftet sind, etwa irgendwie verunreinigte Feilung, reicher Schliff, Kugelmühlengröbe, photographische Rückstände usw. können der verschlackenden Schmelzung unterworfen werden. Die Edelmetalle fallen dabei selten raffiniert, aber man hat sie so in probierfähiger Barrenform; sie werden anschließend geschieden. Die Schlacken sind stets etwas edelmetallhaltig. Man schmilzt meist in Tontiegeln. Schmilzt man reduzierend, so sind auch Graphittiegel anwendbar.

Die gebräuchlichsten Flußmittel sind Borax, Soda, Pottasche und Glaspulver.

Borax, $Na_2B_4O_7 + 10 H_2O$ verliert beim Schmelzen unter starkem Aufblähen sein Wasser, zieht es aber an der Luft wieder an. Kalzinierter Borax ist deshalb gut verschlossen aufzubewahren. Im Schmelzfluß verbindet er sich mit den Metalloxyden zu leicht schmelzenden Boraten.

Soda, Na_2CO_3, wird als wasserfreie Ammoniaksoda angewandt. Sie schmilzt bei 810^0 und verschlackt hauptsächlich SiO_2 und Al_2O_3. Schwefel kann von ihr als Sulfat und Sulfid gebunden werden. Eisenoxyd kann seine Kohlensäure austreiben. Von AgCl wird sie unter Kohlensäure- und Sauerstoffentwicklung zersetzt. Soda für sich allein geschmolzen gibt nur 3—4% Kohlensäure ab.

Pottasche wirkt ähnlich wie Soda, vielleicht etwas energischer. Ein Gemisch zwischen beiden ist leichtflüssiger und arbeitet man deshalb vorzugsweise unter Mitverwendung von Pottasche.

Glaspulver besteht durchschnittlich aus 70% SiO_2, 10% Alkalien, 10% CaO und etwas Tonerde. Es ist ein leicht schmelzbarer Ersatz für SiO_2, ist ein saures Flußmittel und löst Eisen, Kalk und Ton.

Gebrannter Kalk wird seines hohen Schmelzpunktes wegen wenig angewandt (Schmelzpunkt 1900^0). Ein kleiner Zusatz von $CaCl_2$ (Schmelzpunkt 755^0) setzt seinen Schmelzpunkt beträchtlich herab und könnte man dieses so gemischte Flußmittel zum Verschlacken von SiO_2 anwenden.

Flußspat ist kein schlechtes Flußmittel zum Entfernen von Kieselsäure und, mit Soda gemengt, auch Tonerde.

Kochsalz dient zum Chlorieren in Gegenwart von Sulfaten und man benutzt seine Schmelzwärme, um übergehenden Fluß abzukühlen.

Kalisalpeter, KNO_3, auch Natronsalpeter, $NaNO_3$, der aber im Gegensatz zum Kalisalz hygroskopisch ist, ist ein beliebtes Oxydationsmittel. Beim Schmelzen verliert Salpeter erst ein Atom Sauerstoff und schließlich den Rest bis auf K_2O. Der entweichende Sauerstoff wirkt stark oxydierend, K_2O lösend.

Als Reduktionsmittel verwendet man Kohlenpulver, Mehl und sogenannten schwarzen Fluß. Letzterer ist ein Gemenge von Alkalikarbonat und Kohle. Man stellt ihn her, indem man 1 Teil Salpeter mit 3 Teilen Weinstein verschmilzt.

Bevor man die reichsten Gekrätze, die wohl nicht weniger als 20% Edelmetall einschließlich Kupfer enthalten, einschmilzt, werden sie in kleinen Öfen mit Flugstaubkammer auf eisernen Pfannen verascht. Da sie meist nur in kleinen Mengen vorliegen, werden sie behufs einer besonderen Probenahme nicht weiter präpariert, sondern sind zugleich ihre eigene Probe. Man entfernt höchstens das Eisen mit dem Magneten. Eine Analyse der Verunreinigungen verlohnt sich gleichfalls kaum, man kennt sie meist aus Erfahrung und setzt entsprechende Flußmittel zu. Man schmilzt, bis die Schlacke ruhig fließt, hebt den Tiegel aus dem Ofen, gießt alles in einen Einguß, oder man läßt den Tiegel erkalten und zerschlägt ihn. Der Regulus wird behufs sicherer Probenahme umgeschmolzen und geht in die Vorraffination resp. gleich in die Scheidung. Die edelmetallhaltige Schlacke wird solvierend verschmolzen oder kommt ins Gekrätz, das gelegentlich präpariert und dann verhüttet wird. Etwa gebildeter Stein kann mit Salpeter zu güldischem Kupfer verschmolzen werden. Man spart Salpeter, wenn man den Stein zu einem Teil abröstet und mit dem ungerösteten Teil, sowie wenig Salpeter und Fluß mengt und niederschmilzt.

Chlorsilber wird in Tontiegeln mit Soda reduziert:

$$AgCl + 2Na_2CO_3 = 4NaCl + 2CO_2 + O_2 + 4Ag.$$

Man benutzt den frei werdenden Sauerstoff als Wärmequelle und mischt vorteilhaft mit einer entsprechenden Menge Kohlenpulver. Chlorgoldhaltiges Chlorsilber sollte man nie direkt mit Soda reduzieren (etwa Chlorsilber als Rückstand von der Goldscheidung), sondern erst alles mit Zink oder einem anderen Mittel zu Metall reduzieren. Chlorgold geht leicht flüchtig. Es wurden 200 g Feingold in zwei getrennten Partien in Königswasser gelöst und vorsichtig eingedampft. Die eine Partie wurde in Wasser aufgenommen und mit SO_2 ausgefällt. Sie ergab nach dem Schmelzen netto 100 g. Die andere Partie wurde sehr vorsichtig getrocknet und dann eingeschmolzen. Die Ausbeute betrug nur 95,4 g, der Rest hatte sich verflüchtigt.

Die Präparation der Gekrätze.

Ärmere Gekrätze werden durch verschlackende Schmelzen unter Aufnahme der Edelmetalle in metallischen Lösungsmitteln verarbeitet, wie dieses im folgenden näher beschrieben werden wird. Für diese Zwecke müssen sie erst präpariert werden, was sich verlohnt, da sie einerseits meist in größeren und wertvolleren Mengen vorliegen, die laut Probe gehandelt werden, und andrerseits schon während der Präparation einen Teil ihres Metallgehaltes als Legierung gewonnen werden kann.

Die Krätze wird behufs Entfernung beigemengter organischer Verunreinigungen in eigens dafür konstruierten Röstöfen verbrannt. Beliebt ist die Ruppmannsche Ausführung (Abb. 46). Die Gekrätze werden in dünner Schicht auf dem Herde ausgebreitet. Die Flamme schlägt über sie hinweg und führt vorgewärmte Luft mit, die die Oxydation beschleunigt; sie streicht dann unter dem Herdboden weiter, gelangt zu einer Flugstaubkammer, wo sich mitgerissene Gekrätzteilchen absetzen können, und entweicht von dort zur Esse. Sobald die Flammen nachgelassen haben, entfernt man das Gekrätz aus dem Ofen und läßt es erkalten. Dann wird es mit einem kräftigen Magneten bearbeitet, der die größeren Eisenteile entfernt, und wird anschließend in Kollergängen oder meist in Kugelmühlen (Abb. 47) zu feinem Mehl vermahlen. Dabei wird vorhandenes freies Metall von den Kugeln platt geschlagen. Soweit der Durchmesser dieser Metallteilchen größer ist als die Maschenweite der Siebe, verbleiben sie in der Kugelmühle. Man

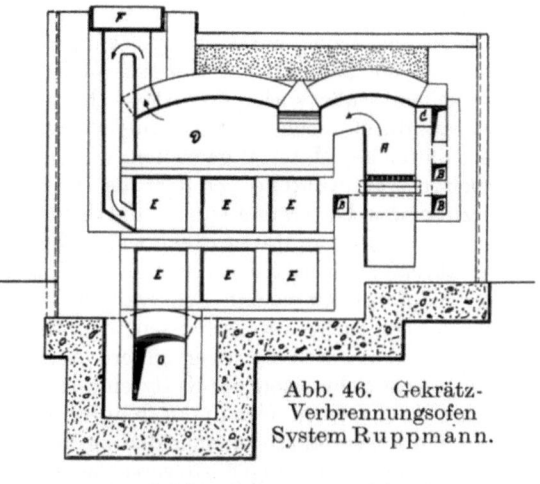

Abb. 46. Gekrätz-Verbrennungsofen System Ruppmann.

gewinnt sie als „Gröbe", indem man den Schlot der Kugelmühle, dessen Weite kleiner als der Durchmesser der Stahlkugeln ist, öffnet und die Mahltrommel sich wieder drehen läßt. Die von der „Feine" auf diese Art und Weise getrennte „Gröbe" wird nochmals ausmagnetisiert und dann verschlackend verschmolzen. Der erhaltene Regulus wird behufs sicherer Probenahme nochmals umgeschmolzen. Das Eisen hält an seiner Oberfläche noch ein wenig Edelmetall zurück. Es wird oft mit Wasser behandelt, welches mit dem Eisen leicht zu entfernenden Rost bildet, der das Edelmetall mit sich nimmt und getrennt verarbeitet wird. Die zuerst beim Vermahlen gewonnene Feine wird gründlich durchgemischt. Dann entnimmt

Abb. 47. Kugelmühle.

man ihr eine Probe. Ihr Edelmetallgehalt wird durch Ausschmelzen mit metallischen Lösungsmitteln wiedergewonnen. Reiches Gekrätz läßt sich schnell und ohne großen Metallstock in großen Tiegeln solvierend verschmelzen. Armes Gekrätz wird beim Schachtofenbetriebe der Bleihütten oder, wenn es kupferreich ist, auch der Kupferhütten in verhältnismäßig geringen Mengen zugegeben. Wenn es in eine geeignete agglomerierte Form gebracht wird, kann man es auch für sich in besonderen Schachtöfen solvierend verschmelzen. Der kontinuierliche Betrieb der Schachtöfen läßt sich auf Gekrätz allein nur da anwenden, wo solches in reichem Maße vorhanden ist. — Es wäre sehr anzustreben, ärmeres Gekrätz durch mechanische Aufbereitung so zu zerlegen, daß ein großer Teil als reiches Material gewonnen wird, das sich leicht und schnell verarbeiten läßt, während der Rest als ärmstes und ohne Schwierigkeit zu verzinsendes Material allein dem Hüttenprozeß zu übergeben werden braucht. Es ist an dieser Stelle leider nicht möglich, ein diesbezügliches Verfahren, nach welchem nicht nur der Edelmetallgehalt, sondern auch der Kupfergehalt leicht konzentriert werden kann, zu beschreiben. Es ist aber nicht ausgeschlossen, daß der Verfasser in der Lage sein wird, Interessenten hierüber nähere Auskunft zu erteilen. — Für das solvierende Schmelzen der Krätzfeine muß man neben dem Edelmetallgehalt auch seinen Gehalt an Kupfer kennen, um sich für das Blei- oder Kupferverfahren entscheiden zu können; man muß ferner wissen, welche Verunreinigungen zu verschlacken sind und dieses erfährt man durch

Die Analyse der Gekrätze.

Man zerreibt eine kleine Menge in einem Porzellan- oder Achatmörser so weit, daß eine Probe zwischen den Zähnen nicht mehr knirscht und wägt dann 1 g ein. Man schafft die Einwage in einen Platintiegel und vermischt sie mit der 5fachen Menge Natriumkaliumkarbonat, sowie mit etwas Salpeter oder Natriumperoxyd zur Oxydation evtl. noch vorhandener Unedelmetalle in freiem Zustande. Man schmilzt sodann das Gemenge vor dem Gebläse oder in der Muffel nieder, bis es ruhig fließt. Dann läßt man den Tiegel leicht abkühlen und schafft ihn in eine Porzellan- oder besser Platinschale mit so viel destilliertem Wasser, daß der umgekippte Tiegel fast bedeckt ist. Die Schmelze löst sich so meist leicht vom Tiegel. Man versetzt nunmehr den Schaleninhalt mit etwas Salzsäure, entfernt den Tiegel, spült ihn mit destilliertem Wasser sauber aus, so daß die Spülwässer in die Schale geraten, und dampft auf dem Sandbade vorsichtig zur Trockene. Es empfiehlt sich, das Eindampfen mit Salzsäure nochmals zu wiederholen. Der Rückstand wird mit verdünnter Salzsäure aufgenommen, dann filtriert man von der Kieselsäure ab. Die auf dem Filter verbliebene Kieselsäure wird geglüht und gewogen. Man kann sie zwecks Prüfung auf Reinheit mit Flußsäure im Platintiegel abrauchen. In das Filtrat wird Schwefelwasserstoff geleitet, wodurch neben Arsen, Antimon, Zinn und etwas Blei das Kupfer ausfällt. Man trennt es von den ersteren Metallen durch Auswaschen mit Schwefelammonium, löst es in Salpetersäure und kann es dann mit Zyankalium in ammoniakalischer Lösung titrieren oder in saurer Lösung elektrolytisch bestimmen. Das ausgekochte Filtrat vom Schwefelwasserstoffniederschlag wird schwach

Verschlackendes Schmelzen unter Aufnahme der Edelmetalle usw.

ammoniakalisch gemacht und mit Schwefelammonium versetzt. Der ausgewaschene Niederschlag wird in Salzsäure gelöst. Verbleibt ein unlöslicher Rest, so liegt Nickel bzw. Kobalt vor, die für sich bestimmt werden. Im Filtrat bestimmt man das Eisen, das Zink, das Aluminium und das Magnesium nach den Regeln der analytischen Chemie, auf die hier nicht näher eingegangen werden kann. Im Filtrat vom Schwefelammoniumniederschlag bestimmt man den Gehalt an Kalk. — Ist das Gekrätz alkaliverdächtig und will man an Flußmitteln sparen, so empfiehlt es sich, eine besondere Einwage mit CaO, das mit etwas $CaCl_2$ versetzt ist, aufzuschließen. Man hat es dann in der Hand, nachdem man das CaO aus dem Filtrat vom Schwefelammoniumniederschlag ausgefällt hat, im weiteren Filtrat den Gehalt an Alkali festzustellen. — Nebenstehend sind einige Gekrätzanalysen angeführt.

Verschlackendes Schmelzen unter Aufnahme der Edelmetalle in metallischen Lösungsmitteln.

Die Verkupferung. Ist der Edelmetallgehalt sowie der Cu-Gehalt der Gekrätze ca. 20% und weniger, so würde neben Cu so viel Edelmetall verschlacken, daß das Ausbringen den Schmelzprozeß nicht mehr rentierte. Hat man kupferreiche Nebenprodukte, die evtl. einen geringen Edelmetallgehalt aufweisen, zur Hand — etwa geröstete Kupfersteine — so bedient man sich vorteilhaft der Verkupferung. Man schmilzt das veraschte Gekrätze mit kupferoxydischen Produkten und Kohle nieder. Es verschlackt meist etwas Kupfer, doch ist die Schlacke wenig edelmetallhaltig. Da sich auch andere Metalle mit reduzieren, fällt der Regulus meist unrein aus, ist aber trotzdem in der Regel für die elektrolytische Scheidung nach dem Dietzel- oder Carl-Verfahren zu gebrauchen. Ein gleichzeitig sulfurierendes Schmelzen wäre vorzuziehen, doch ist die Raffination des Steines bei kleineren Mengen schwierig durchzuführen. Eine solche ist aber erforderlich, wenn man beim nachfolgenden Abrösten des Steines das Kupfer als Vitriol und die Edelmetalle als reinen scheidefähigen Rückstand erhalten wollte. Im großen können kupferreiche und edelmetallarme Krätze (vgl. Analyse Nr. 4) mit Erfolg dem Kupferhüttenprozeß beigegeben werden. Angeführtes Gekrätz ließe sich auch für sich allein unter Schwefelung mit Pyritzuschlägen im Schachtofen auf Stein verschmelzen. Der Stein könnte im Konverter raffiniert und auf

	Au %	Ag %	Pt %	Pd %	CuO %	Fe_2O_3 %	NiO %	ZnO %	Al_2O_3 %	MgO %	CaO %	SiO_2 %	Alkalioxyde %	Diverse %
1. Gemisch reicher Krätze	0,48	3,7	0,12	0,2	10,0	4,7	—	wenig	23,3	—	7,9	30,5	5	Rest
2. Fußbodenkehricht	0,01	1,83	0,002	Spur	2,1	5,2	Spur	1,0	33,3	2,1	2,4	37,5		Rest
3. Tiegelgekrätz	0,010	0,135	Spur	—	1,1	4,2	—	0,5	48	7	7	23		Rest
4. Doublé- und Alpakagekrätz	0,01	0,075	—	—	13,2	5,9	1,6	10,2	31	2	5	25		

edelmetallhaltiges Kupfer verblasen werden, das weiter elektrolysiert werden könnte. Auch ließe sich der raffinierte Stein abrösten und mit Schwefelsäure extrahieren oder auch direkt elektrolytisch scheiden. Letztere Methode hat den Vorteil, daß die Edelmetallverluste durch Verdampfen, wie sie sich gerade beim Verblasen auf Kupfermetall bemerkbar machen, vermieden werden, doch fällt neben den Edelmetallen auch der Schwefel als Anodenschlamm und muß von ihnen auf umständliche Weise getrennt werden. Wird die Krätze nicht als verhältnismäßig geringe Menge beim Kupferhüttenprozeß zugeschlagen, sondern für sich im Schachtofen verschmolzen, so muß sie vorher irgendwie agglomeriert werden, was am einfachsten durch Brikettieren geschieht.

Die Versilberung. Bei reichem Gekrätz mit wenig Kupfer und viel Platin bedient man sich oft der Versilberung. Man mengt die veraschte Krätze mit entsprechenden Flußmitteln, Soda oder Chlorsilber. Den Chlorsilberzusatz bemißt man so, daß wohl etwas Silber, aber nur sehr wenig Platin verschlacken kann und schmilzt im Tontiegel nieder. Der platinhaltige Silberregulus kann durch Quartation oder Affinerie geschieden werden. Das Silber wandert allerdings als Ballast durch den Prozeß.

Die Verbleiung. Sie ist insofern das empfehlenswerteste Verfahren, als man im anschließenden Oxydationsprozeß des Bleies die Edelmetalle unedelmetallfrei erhält. Man wählt den Bleizuschlag so hoch, daß nur sehr wenig Edelmetall verschlackt und sich andrerseits so viel Blei ergibt, daß man beim Treiben diesem noch unedelmetallhaltige Planschen beigeben kann und diese auf diese Art und Weise mit vorraffiniert werden. Für das reduzierende Verschmelzen empfiehlt es sich, Abstichtiegel anzuwenden, damit man das ausschmelzende Blei auf bequeme Art öfters aus dem Tiegel entfernen kann und es so vor übermäßigem Verdampfen schützt. Die Schlacken werden teilweise mit eisernen Löffeln abgeschöpft oder gleichfalls abgestochen. Man verbleit so in Tiegeln kupferarme Krätze mit etwa 20% bis abwärts 2% Edelmetall.

Es empfiehlt sich stets, zuerst mehrere erfahrungsgemäß gleichartige Gekrätzaschen zu vermengen und sie dann auf die Verunreinigungen zu untersuchen, damit man möglichst an Flußmitteln spart. Dem Kupfergehalt setzt man entsprechend Schwefel oder besser Bleiglanz zu. Es verdampfen stets mehrere Prozente Blei, von denen sich nicht alles in den Flugstaubkammern zurückgewinnen läßt, auch geht etwas Blei in die Schlacke. Bleiglanz bildet eine billige Ergänzung dieser Verluste. Der Stein kann, soweit er bleihaltig ist und etwas Edelmetall enthält, mit Eisen umgeschmolzen werden. Der Kupferstein geht in einen Kupferhüttenbetrieb. Auch gibt es Methoden, um ihn in kleinerem Maßstabe aufarbeiten zu können. Die Schlacke ist in Spuren edelmetallhaltig und ein willkommenes Flußmittel für den Bleischachtofen. Das edelmetallhaltige Blei wird abgetrieben oder im Konverter verblasen. Das Blicksilber wird, sofern es goldreich ist, nach der Quartationsmethode, sofern es goldarm ist, elektrolytisch geschieden. Selbstverständlich lassen sich auch die reichsten Gekrätze im Tiegel durch Verbleien vorteilhaft vorarbeiten, da man sie so zu guter Letzt frei von Unedelmetallen gewinnt.

Für ärmere Krätze, etwa mit einem Edelmetallgehalt von 2% und darunter, ist das Verbleien im Tiegel nicht mehr rationell. Man nimmt sie als Zuschlag beim Schachtofenschmelzen. Wollte man sie für sich im Schachtofen verschmelzen, so müßte sie vorher agglomeriert werden. Dieses geschieht am besten durch Brikettieren in einer Drehtischpresse, wie sie auch zur Brikettierung von Kohle verwandt wird. Die Aschen werden zuvor in besonderen Mischern mit den erforderlichen Zuschlägen und, falls nicht Bleiaschen mit verschmolzen werden, auch mit etwa der 50fachen Menge gemahlener Bleiglätte, als Edelmetalle vorhanden sind, gut durchmischt, dann angefeuchtet und in den Sammelbehälter der Presse geschafft. Da man meist Kalk als Zuschlag gibt, erhärten die Briketts bald unter Karbonatbildung, zumal wenn etwas Soda zugegen ist, die leicht ihren Kohlensäuregehalt an den Kalk abgibt. Die Briketts sind ziemlich temperaturbeständig. Nach einem anderen Verfahren mischt man mit Kalk und Sand, der ja ohnehin als Flußmittel meist zugegeben wird oder schon im Gekrätz vorhanden ist, und befördert die Briketts in Dampfkessel, wo sie nach mehrstündiger Behandlung mit auf etwa 8 at gespanntem Dampf behandelt werden und unter Bildung von Kalziumsilikat erhärten. Im Schachtofen scheidet sich das edelmetallhaltige Blei vom Stein und von der Schlacke. Letztere ist, sobald der Silbergehalt des Bleies 2% übersteigt, meist noch etwas edelmetallhaltig und wird beim nächsten Schmelzen beigegeben. Als Zuschlag verwendet man auch noch vorteihaft die edelmetallhaltigen Schlacken vom Tiegelschmelzen. Silberfreie Schlacke kommt auf die Halde. Das Werkblei geht in den Treibprozeß und gewinnt sich so als Glätte wieder. Diese wird vermahlen und beim nächsten Schmelzen zusammen mit dem Flugstaub aus den Gaskanälen aufs neue verwandt. Das abgetriebene Edelmetall kommt in die Scheidung.

III. Die Scheidung der Edelmetalle.

Die Einteilung der Legierungen.

Man teilt die Legierungen der Edelmetalle untereinander und mit Kupfer je nach ihrem Gehalt an diesen Bestandteilen meist ein in:

1. Blicksilber. Dieses besteht aus Silber mit wenigen Prozenten Gold, etwas Platin und wenig Palladium, neben geringen Mengen Kupfer, Wismut und Blei. Es entstammt dem Treibprozeß.

2. Kupferhaltiges Werksilber oder Silberscheidegut. Es enthält vielleicht 70% und mehr Silber neben wenigen Promillen Gold. Der Rest ist Kupfer mit wechselnden Mengen an Verunreinigungen wie Fe, Pb, Sn, Bi, S. Hierher gehört sämtliches Altsilber, Fabrikationsabfälle, Münzen usw.

3. Güldisches Kupfer oder einfach Güldisch. Es entstammt dem verschlackenden Tiegelschmelzen, kommt aus der Verkupferung, stammt aus Lotabfällen, Doublewaren, minderhaltigen alten Gold- und Silberwaren und enthält vielleicht 50 % und mehr Cu, neben weniger Silber etwas Gold, manchmal auch Platin und daneben viele Verunreinigungen.

4. Goldscheidegut. Zu diesem Material gehört sämtliches Rohgold, vorraffiniertes Gold, alte Goldwaren und goldreiche Fabrikationsrückstände. Es enthält vielleicht 40% und mehr Gold neben 10—20% Silber, und ist fast stets mit der Anwesenheit von Platin und Palladium zu rechnen. Der größere Rest besteht aus Kupfer neben einigen Verunreinigungen.

5. Platinscheidegut. Dieses enthält verhältnismäßig viel Platin, einige Platinmetalle und Gold. Der Rest ist Kupfer und Silber neben diversen Verunreinigungen.

Die einfachste und rationellste Scheidung ist bei Blicksilber und vorraffiniertem Gold durchzuführen.

Die Affination

war das herrschende Verfahren für die Scheidung von Blicksilber und Münzsilber bis zur Einführung der Elektrolyse durch Moebius. Sie verdrängte die bis dahin angewandte Quartation mit Salpetersäure, soweit diese nicht zur gleichzeitigen Gewinnung von Silbernitrat dient, oder auf Scheidung kupferhaltiger Legierungen angewandt wird. Auch heute noch bedienen sich mehrere ausländische Werke der Affinationsmethode und bietet sie auch für die Verarbeitung kleinerer Mengen hochhaltigen Silbers manche Vorteile.

Silber, das nicht mehr als etwa 10% Cu enthält, löst sich leicht in heißer konzentrierter Schwefelsäure unter Bildung von Silbersulfat:

$$2\,Ag + 2\,H_2SO_4 = Ag_2SO_4 + SO_2 + 2\,H_2O\,.$$

Kupfersulfat ist dagegen wohl in Wasser, nicht aber in konzentrierter Schwefelsäure löslich. Löst man kupferhaltiges Silber, so bildet sich an der Oberfläche der Legierung unlösliches $CuSO_4$, das in größeren Mengen auf die Lösung hindernd wirkt. Es läßt sich entfernen, wenn man die Säure dekantiert und den noch nicht gelösten Rückstand mit Wasser behandelt. Gold darf bis etwa zu einem Drittel zugegen sein. Je mehr Gold zugegen ist, desto größer ist sein Silberrückhalt. Man löst die zu Platten gegossene oder granulierte Legierung in Schalen aus Eisen oder Porzellan, bei größerem Betrieb in gußeisernen Kesseln mit Bleihaube und Abzugsrohr für die verdampfende Schwefelsäure und entweichende schweflige Säure. Schalen erwärmt man auf dem Sandbade oder einem Asbestdrahtnetz durch Gasfeuer, Kessel werden in Öfen eingebaut, deren Kohlenfeuerung so angeordnet ist, daß bei einem etwaigen Springen des Kessels sein Inhalt nicht in die Feuerung gerät, sondern getrennt aufgefangen werden kann. Die verdampfende Schwefelsäure läßt sich durch Kühlung kondensieren, enthält aber auch das bei der Reaktion gebildete Wasser. Die schweflige Säure könnte anschließend kondensiert werden oder man kann sie in einer Sodalösung aufspeichern, mit welcher sie Hyposulfit bildet. Wenn man in eine so erhaltene Lösung

Schwefelsäure — etwa die durch Destillation gewonnene — einleitet, so wird die schweflige Säure wieder frei und kann man sie z. B. zum Goldfällen benutzen.·— Man gibt zum granulierten Einsatz etwas mehr als die berechnete Menge Schwefelsäure. Hierbei ist der Schwefelsäureverbrauch für Kupfer nach

$$Cu + 2H_2SO_4 = CuSO_4 + SO_2 + 2H_2O$$

mit zu berücksichtigen. Man erhitzt dann so lange, bis die Entwicklung von schwefliger Säure nachläßt — evtl. muß man zwischendurch das $CuSO_4$ mit Wasser entfernen —, dekantiert oder hebert die Lösung in mit Blei ausgekleidete Holzgefäße ab und kocht den Kesselinhalt nochmals mit frischer Säure aus, die beim nächsten Lösen aufs neue verwandt wird. Das zurückgebliebene Gold muß noch gründlich mit weniger Säure und anschließend mit Wasser ausgekocht werden. Es wird dann aus dem Kessel entfernt und getrocknet. Eingeschmolzen ergibt es Barren, deren Feingehalt selten $995^0/_{00}$ übersteigt. Man kann das Gold, auch ohne es einzuschmelzen, in Porzellangefäße schaffen und nach dem Säureverfahren raffinieren resp. vom Platin trennen. — Die Silberlösung wird meist so entsilbert, daß man sie so weit mit Wasser verdünnt, daß noch kein Silbersulfat ausfällt, und dann Kupferplatten einstellt. Das Silber fällt in feinen Kristallschüppchen aus, die aber gröber und leicht auswaschbarer sind als solche, wie man sie aus Nitratlösungen erhielte. Das ausgefällte Silber wird gründlich ausgewaschen, abgenutscht, evtl. noch zu Kuchen gepreßt, getrocknet, mit einigen Flußmitteln vermengt und geschmolzen. Man erreicht so einen Feingehalt, der selten $995^0/_{00}$ übersteigt. Die Kupferlösung wird zu Vitriol verarbeitet. Nach einer anderen Art verdünnt man die Silberlösung so weit mit Wasser, daß fast alles Silbersulfat ausfällt, befreit dieses durch wiederholte Dekantation von der Kupferlösung und behandelt den Kristallbrei mit metallischem Eisen, wodurch das Silber reduziert wird, was schnell und unter Wärmeentwicklung vor sich geht. Das reduzierte Silber wird gründlich ausgewaschen, getrocknet und eingeschmolzen. Es ist auf diese Art und Weise schwieriger rein zu erhalten. — Die Mutterlauge liefert Eisenvitriol. — Die Waschwasser werden mit Kupfer entsilbert, die Mutterlauge hiervon wird zu Kupfervitriol verarbeitet oder man zieht es vor, das Kupfer mit Eisen auszuzementieren. Es ist zu bemerken, daß bei Gegenwart von viel Platin dieses zum kleinen Teil mit dem Silber in Lösung gehen kann. Man arbeitet in diesem Fall mit schwächerer Schwefelsäure und bei niederer Temperatur.

Die Quartation.

a) Von Blicksilber.

Nach dieser Methode scheidet man vorteilhaft goldreiches Blicksilber, wenn Bedarf an Silbernitrat vorliegt. Die Quartation hat den Vorzug, daß das Gold schnell gewonnen wird. Nicht zu konzentrierte Salpetersäure löst Silber nach der Reaktion

$$3Ag + 4HNO_3 = 3AgNO_3 + NO + 2H_2O$$

aus Goldlegierungen heraus, wenn der Goldgehalt etwa 28% nicht überschreitet. In konzentrierter Salpetersäure löst sich Silber anfangs stürmisch, die Sättigungsgrenze ist aber bald erreicht und kann die noch vorhandene freie Säure nicht mehr lösend wirken. Man kann geradezu Silbernitrat als Kristallpulver ausfällen (und so vom leicht löslichen Kupfernitrat trennen), indem man eine starke Silberlösung mit konzentrierter Salpetersäure versetzt. Am besten eignet sich zum Lösen eine Säure vom spezifischen Gewicht 1,2.

Man löst die granulierte oder ausgewalzte Legierung in Porzellanschalen im Abzugsschrank unter Erwärmen. Bei reger Nitratfabrikation empfiehlt es sich, die Abzugsschränke an eine Regenerationseinrichtung anzuschließen, wie sie von den deutschen Ton- und Steinzeugwerken und dem Verfasser ausgearbeitet worden ist (Abb. 48). Ein beträchtlicher Teil der salpetrigen Dämpfe wird so vernichtet und im Rieselturm zu Salpetersäure regeneriert. Man rieselt konzentrierend mit der unten abfließenden Säure. Der zweite Rieselturm dient zur Aufnahme von Salzsäure und Chlordämpfen, sowie evtl. zum Auffangen einiger Spuren von Chlorgold. Die mittlere Anordnung ist zum Absaugen von SO_2 eingerichtet. Das Ganze ist an einen Steinzeugventilator angeschlossen. Die Regenerationsanlage kann auch an eine dampfgeheizte Auskochanordnung für Anodenschlämme angeschlossen werden, wie sie Abb. 50 (S. 81) zeigt.

Nach dem Weglösen des Silbers bleibt das Gold mit einem Teile des evtl. vorhandenen Platins als Rückstand zurück. Dieser wird mehrfach mit Salpetersäure und Wasser ausgekocht und kann dann mit Königswasser auf Gold, Platin und das noch inkludierte Silber geschieden werden. Eingeschmolzen ergibt platinfreies Gold Barren, deren Feingehalt zwischen 997 und 998 $^0/_{00}$ liegt. Platinhaltiges Gold kann gleichfalls eingeschmolzen und dann elektrolytisch raffiniert werden.

Das gebildete Silbernitrat wird in andere Schalen dekantiert und in diesen eingedampft, bis es schmilzt. Dabei scheiden sich die mit dem Silber in Lösung gegangenen Platinmetalle als schwarzes Pulver aus. Man dekantiert die Schmelze und digeriert sie mit Wasser. Das Silbernitrat kristallisiert aus und trennt sich so von der überstehenden, evtl. etwas kupferhaltigen Mutterlauge. Die Kristalle werden vorsichtig gewaschen und getrocknet. Die Mutterlauge und Waschwässer werden mit Salzsäure entsilbert.

b) Von kupferhaltigem Silber.

Entbehrt man einer Vorraffinationsanlage, so bleibt bei kupferhaltigem Silber nichts anderes übrig, als dieses mit Salpetersäure zu scheiden oder nach einem modifizierten Verfahren zu elektrolysieren, sofern es nicht viel weniger als 800 $^0/_{00}$ Silber enthält. Mit Säure lassen sich auch ärmere Legierungen scheiden, doch wird auch hier durch den Salpetersäureverbrauch eine Grenze gesetzt. — Die quantitative Auswirkung der Lösung von Silber und Kupfer in Salpetersäure ergibt sich aus den diesbezüglichen Reaktionen:

Von kupferhaltigem Silber. 75

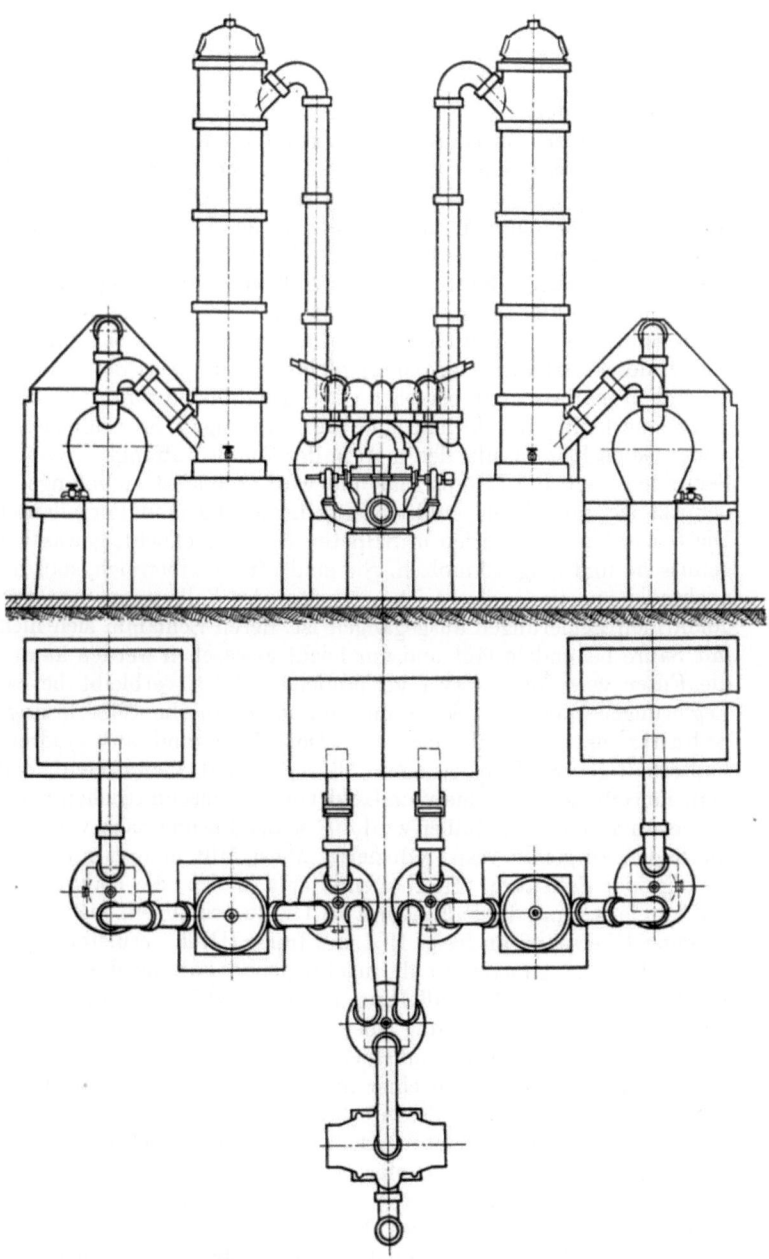

Abb. 48. Regenerationsanlage der Deutschen Ton- und Steinzeugwerke.

$$3\,\text{Ag} + 4\,\text{HNO}_3 = 3\,\text{AgNO}_3 + \text{NO} + 2\,\text{H}_2\text{O}$$
323,64 g   252,064 g
$$3\,\text{Cu} + 8\,\text{HNO}_3 = 3\,\text{Cu(NO}_3)_2 + 2\,\text{NO} + 4\,\text{H}_2\text{O}$$
190,71 g   505,128 g.

Hieraus folgt, daß 1 kg Silber von rund 0,8 kg absoluter Salpetersäure und 1 kg Kupfer von rund 3,8 kg absoluter Salpetersäure gelöst wird. Der Verbrauch an einer Säure vom spezifischen Gewicht 1,2 stellt sich bei 1 kg Silber auf rund 2 l, bei 1 kg Kupfer auf 10 l. Die Quartation wird also um so teurer, je mehr Kupfer in der Legierung vorhanden ist.

Man löst genau so wie bei kupferfreiem Silber. Oft zieht man es vor, mit überschüssiger Säure in gewöhnlichen Steinzeuggefäßen ohne äußere Erwärmung zu lösen. Man hat dabei den Vorzug, daß das Gold, wenn es in sehr geringen Mengen vorhanden ist, sich nicht aufschlämmt und in der Flüssigkeit suspendiert bleibt. Man hebert die saure Lösung ab, indem man einen Heber bis an den Gefäßboden führt, vor der Mündung eine kleine Schale hält und dann ansaugt. Es reißt sich zuerst etwas Goldschlamm mit, den man in der Schale auffängt. Nach einigen Sekunden fließt die Lösung klar und wird gesondert aufgefangen. Man benutzt sie zum Lösen goldreicherer Legierungen in Porzellanschalen. Die Goldschlämme werden in Salpetersäure ausgekocht, gewaschen, abgenutscht und eingeschmolzen. Sie sind oft so silberreich, daß man sie nochmals quartiert; dieses ist besonders der Fall, wenn man von sehr goldarmen Legierungen ausgegangen ist, deren Schlamm sich nicht gut mit Säure behandeln läßt und nur leicht gewaschen werden kann, da er die Filter verstopft. Etwa vorhandenes Platin verbleibt bei solchen Legierungen meist im Schlamm und ist dann die Silberlösung nach Schantz praktisch platinfrei. — Der Rückstand aus goldreicheren kupferhaltigen Silberlegierungen läßt sich leicht auswaschen. Schmilzt man ihn ein, so erhält man ein Gold vom durchschnittlichen Feingehalt von etwa 996. — Das Silber wird aus seiner Lösung nach verschiedenen Methoden ausgefällt resp. reduziert. Meist fällt man es mit Kochsalzlösung oder Salzsäure. Hierbei empfiehlt es sich, die Hauptmenge mit NaCl zu fällen und die Fällung mit HCl so zu beendigen, daß nur ein sehr geringer Überschuß an freier HCl und freier HNO_3 verbleibt. Diese Art der Fällung ist günstig für die nachfolgende Fällung des Kupfers mit Eisen. Es sei bemerkt, daß Eisen aus reiner Nitratlösung kein Kupfer fällen kann. Ist die Lösung aber stärker salpeter- und salzsauer, so fällt ein unverwertbares braunes Gemenge von Eisensalzen und Kupfer aus. Setzt man jedoch zu einer möglichst salpetersäurefreien Kupfernitratlösung nur wenig Salzsäure hinzu, so wirkt diese gewissermaßen als Katalysator. Sie erzeugt mit dem Eisen Wasserstoff in statu nascendi und dieser reduziert das Kupfer aus dem Nitrat.

Es fällt in der Praxis nicht schwer, auf diese Art und Weise einen guten, geradezu blechförmigen Kupferniederschlag zu erhalten. Man prüft zum Schluß mit Ammoniak auf Kupferfreiheit und gießt dann die neutrale Eisennitratlösung fort. — Das Chlorsilber wird durch Dekantieren mit Wasser, das mit einer Spur Salpetersäure versetzt wird, ausgewaschen und evtl. noch auf der Nutsche nachgewaschen. Ist es kupferfrei— worüber eine Probe mit Ammoniak Aufschluß gibt — so kann es nunmehr reduziert werden. Man kann es trocknen und dann mit der erforderlichen Menge Soda und Kohle vermischen und im Tontiegel reduzierend niederschmelzen. Auf diese Art und Weise erhält man es sehr rein, doch ist das Schmelzen im Tontiegel umständlich, auch verdampft etwas Silber. Versetzt man das feuchte Chlorsilber mit verdünnter Salzsäure und Zink, so reduziert es sich und kann nach gründlichem Auswaschen im Graphittiegel geschmolzen werden. Etwas Zink sowie dessen Verunreinigungen verbleiben teilweise im Silber. Man erhält das Silber reiner, wenn man das Chlorsilber zu Hornsilber verschmilzt und dann am Zinkkontakt reduziert. Beliebt ist die Reduktion von Chlorsilber mit Traubenzucker. Zu diesem Zwecke übergießt man das Chlorsilber mit verdünnter Kali- oder Natronlauge und versetzt es dann in der Wärme mit Traubenzucker. Bei gewissenhafter Arbeit reduziert sich das Silber hierbei in sehr reinem Zustande.

Eine neutrale Silbernitratlösung läßt sich auch durch Einstellen von Kupferplatten entsilbern. Das Silber fällt verhältnismäßig schnell aus, doch ist der erhaltene Schlamm stets kupferhaltig und praktisch durch Waschen usw. kaum zu reinigen. Beim Einschmelzen erhält man Barren, die noch viel Kupfer enthalten. Wo ein Kupfergehalt nicht stört, könnte man nach dieser Methode arbeiten. Die Kupferlösungen werden mit Eisen und wenig Salzsäure entkupfert.

Ein gutes aber etwas teures Fällungsmittel ist Aluminium, da seine Wiedergewinnung als Al_2O_3 sich kaum verlohnt. Es fällt das Silber aus Nitratlösungen in Form von ziemlich groben Kristallen aus, die leicht auszuwaschen sind und, eingeschmolzen, ein sehr gutes Feinsilber ergeben. Es kann dabei in der Lösung etwas Kupfer vorhanden sein, da dieses erst nach dem Silber vom Aluminium gefällt wird.

Wo eine Silberelektrolyse vorhanden ist, kann man die kupferhaltigen Silbernitratlösungen auch elektrolytisch entsilbern. Dieses wird im betreffenden Abschnitt besprochen werden.

Die Goldscheidung.

Legierungen, die weniger als 20% Silber enthalten, lösen sich leicht in Königswasser. Falls in einer Goldlegierung mehr als etwa 60% Kupfer vorhanden ist, so wird dieses zuerst vom Königswasser gelöst, der größere Teil des Goldes löst sich erst zum Schluß.— Die Gegenwart von viel Kupfer hat aber noch den Nachteil, daß mit Kupfer legiertes Gold sich besonders leicht als Chlorid verflüchtigen kann, während kupferfreies Gold sich bei einigermaßen vorsichtiger Arbeitsweise aus der Lösung restlos wiedergewinnen läßt. Scheidet man kupferreiches Gold, so kann sich bei unvorsichtiger Arbeitsweise bis zu 1% Gold verflüchtigen. Es ist daher ratsam, kupferhaltiges Goldscheidegut zuvor durch Quartation, nach dem Verfahren von Carl, oder nach anderen Verfahren zu entkupfern und nur so vorraffiniertes Gold zu scheiden. Da dieses nicht immer angängig ist, empfiehlt es sich, mit einer früher beschriebenen (S. 74) Regenerationsanlage zu arbeiten oder in verschließbaren Porzellantöpfen, die für sich mit einer Vorlage versehen sind. — Man übergießt das zu scheidende Gold mit nicht zu starkem Königswasser und beginnt erst dann mit dem Erwärmen, wenn sich die erste oft stürmische Reaktion gelegt hat. (Man stellt Königswasser aus 1 Teil Salpeter- und 3 Teilen Salzsäure her.) Man dampft etwas ein, setzt dann Salzsäure zu und fährt mit dem Eindampfen fort. Evtl. empfiehlt sich noch ein weiterer Zusatz von Salzsäure, um die Salpetersäure zu entfernen. Bei beginnender Sirupkonsistenz verdünnt man den Schaleninhalt mit Wasser, wodurch gelöstes Chlorsilber wieder ausfällt, und gießt dann alles in ein besonderes Sammelgefäß aus Steinzeug, auch der ungelöste Rückstand wird dort hinein gespült. Man verdünnt weiter mit Wasser und setzt ein wenig Schwefelsäure hinzu, um evtl. vorhandenes Blei zum größten und für die nachfolgende Fällung schädlichen Teil auszufällen. Man überläßt sodann den Inhalt des Sammelgefäßes einige Stunden für sich, damit das Chlorsilber gut absitzen kann, und hebert dann, ähnlich wie auf S. 76 beschrieben, die klare Goldlösung in ein Fällgefäß aus Steinzeug. Soll das Gold nach der alten Ferrosalzmethode ausgefällt werden, so löst man entweder Ferrosulfat oder Eisenchlorür unter etwas Salzsäurezusatz in warmem Wasser und gibt davon eine berechnete Menge in geringem Überschuß zur Goldlösung. Das Gold fällt als braunes kristallinisches Pulver aus. Die Fällung ist in nicht zu langer Zeit beendet. Das gefällte Gold wird zuerst durch Dekantation mit Wasser gewaschen, dann mit verdünnter, reiner, chlorfreier Salzsäure erwärmt und schließlich mit Wasser unter Erwärmen so lange gewaschen, bis die Waschwässer mit Ferrizyankalium keine Eisenreaktion mehr geben. Das in derselben Schale unter Rühren getrocknete Gold wird mit Borax und etwas Salpeter im Graphittiegel oder auch Tontiegel eingeschmolzen, erreicht aber selten einen Feingehalt von 999,6 und wird manchmal beim Walzen rissig. — Aus sämtlichen Waschwässern, die man zweckmäßig für sich gesammelt hat, gewinnt man das mitgerissene und inzwischen abgesetzte Gold durch Abhebern. Die Mutterlauge von der Goldfällung wird mit Eisenabfällen ausgefällt. In der Fällung findet sich das Kupfer und Platin mit sehr geringen Mengen Silber und Gold. Das ungelöste Chlorsilber wird auf ein Filter gebracht und mit Wasser gründlich ausgewaschen. Im Filtrat wird das Gold gefällt.

Bedeutend praktischer ist die Fällung mit schwefliger Säure. Diese ist im Handel billig in Stahlflaschen zu haben, auch kann man sie herstellen durch Verbrennung von Schwefel in einer geeigneten Vorrichtung oder durch Einleiten von Schwefelsäure in Hyposulfitlösung. Die abgeheberte und filtrierte Goldlösung wird zweckmäßig vereinigt und in dieselbe ein kräftiger Strom schwefliger Säure eingeleitet. Sowie die letzten Spuren von Salpetersäure zerstört sind und die Lösung mit schwefliger Säure gesättigt ist, fällt das Gold unter Wärmeentwicklung in bedeutend gröberen Kristallen als wie bei der Ferrosalzmethode aus. Man überzeugt sich von der Vollständigkeit der Ausfällung durch Entnahme einer kleinen Probe und Versetzen derselben mit Ferrosulfatlösung. In kurzer Zeit kann man die Mutterlauge abhebern. Sie enthält

Kupfer, Platin und geringe Spuren von Silber und Gold. Wollte man sie mit Eisen fällen, so würde das Kupfer zum Teil als Sulfür ausfallen. Man oxydiert daher die Mutterlauge durch Einblasen von Luft, indem man sie an den Abzweig einer Druckluftleitung — etwa von vorhandenen Gebläseöfen — anschließt und fällt erst dann mit Eisen. Ist viel Platin zugegen, so kann man die Mutterlauge eindampfen und mit etwas Chlorwasser oxydieren, damit man mit Salmiak eine quantitative Platinfällung erhält. — Das Gold wird, ähnlich wie bei der Ferrosalzmethode beschrieben, gewaschen, nur ist es bedeutend schneller sauber. Man prüft auf Abwesenheit von Kupfer mit Ammoniak. Das getrocknete Gold wird im Graphittiegel ohne jeden Zusatz eingeschmolzen und ergibt einen Feingehalt von 999,9—1000 $^0/_{00}$. Mit Königswasser und schwefliger Säure kann man vorraffiniertes Gold bei einiger Vorsicht auch in größeren Mengen schnell und quantitativ scheiden und braucht somit keinerlei Metallstock.

Die elektrolytische Silberraffination.

Die elektrolytische Silberraffination wurde Ende vorigen Jahrhunderts durch Moebius eingeführt. Sein Verfahren verdrängte die Schwefelsäureraffination, sowie die Quartationsmethode, soweit letztere nicht zur Herstellung von Silbernitrat verwandt wurde. Moebius elektrolysiert Blicksilber in einem Elektrolyten, der neben 0,5—1% Silbernitrat und 0,1—1% freier Salpetersäure bis 5% Kupfer enthält. Die Betriebsspannung beträgt etwa 1,5 Volt bei einem Elektrodenabstand von ca. 6 cm und einer Stromdichte von 200—300 Ampere/m². Der Silbergehalt der meist 0,5—1 cm starken Anoden schwankt um 95%, als Kathoden dienen etwa 1 mm starke Feinsilberbleche. Ein Ampere scheidet in einer Stunde 4,025 g Silber aus. Das Silber fällt in losen Dendriten, die an der Kathode etwas haften und leicht zu den Anoden hinüberwachsen, wenn sie nicht vorher zerbrechen und abfallen. Man bewegt daher zwischen Anode und Kathode mechanisch betriebene Schaber, welche die Kristalle abstreichen und so Kurzschlüsse verhindern. Gold, Platin, Platinmetalle und Tellur werden nicht gelöst und verbleiben zusammen mit etwas Silber im Anodenschlamm. Da sich aber schon die Silberkristalle am Boden ansammeln, plaziert man die Anoden in umrahmte Leinwandsäcke, in welchen der Anodenschlamm verbleibt. Damit der Elektrolyt nicht abgehebert werden muß, ordnet man am Boden des Elektrolysiergefäßes einen hölzernen Rahmen an, dessen Boden als Rost ausgebildet und mit Leinwand bespannt ist. Dieser wird vermittels hölzerner Leisten, sofern er noch nicht durch Elektrolytsilber beschwert ist, durch das Gewicht der Elektroden belastet und so zu Boden gedrückt. Die Elektroden liegen auf Leitungsschienen, die ihrerseits an einem kräftigen Holzrahmen befestigt sind, der auf der Oberkante des Elektrolysiergefäßes sitzt. Durch diesen werden die zuerst erwähnten Leisten unmittelbar heruntergedrückt. Mit dem Rahmen zusammen können sämtliche Elektroden durch einen Flaschenzug aus dem Bade gehoben werden.

Anschließend kann der Kasten mit dem Elektrolytsilber dem Bade entnommen werden. Das Elektrolytsilber wird entfernt, indem man den durch Dübel befestigten Rahmen, der die Bodenleinwand hält, lockert. Sämtliche Leitungsschienen sind, soweit sie nicht im Kontakt liegen, durch säurefesten Anstrich isoliert. Die Elektrolysiergefäße bestehen aus geteerten Holzwannen, heute verwendet man meist Steinzeugbottiche. Eine Gesamtanordnung in der Ausführungsart von Siemens & Halske ist aus Abb. 49 ersichtlich. Ähnlich verden diese Anlagen vom Verfasser gebaut.

Das Kupfer wird zusammen mit etwas Eisen und Blei gelöst und reichert sich im Elektrolyten an, fällt aber nicht aus, solange der Gehalt

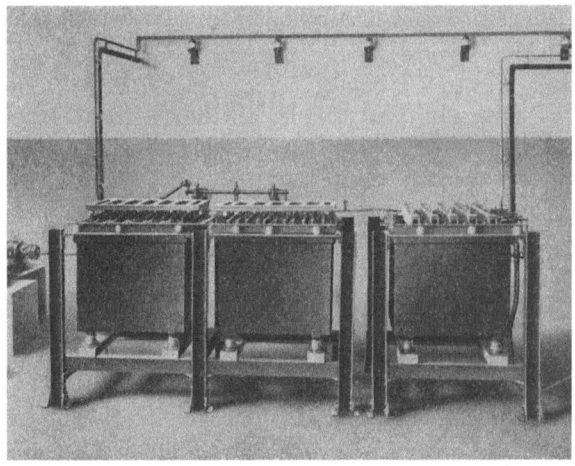

Abb. 49. Elektrolytische Silberraffinationsanlage nach Moebius.

des Elektrolyten in diesem im Verhältnis zum Silbergehalt nicht zu groß wird und noch freie Säure vorhanden ist. Freie Säure wirkt daneben lösend auf das Silber, so daß man bei hochhaltigem Anodenmaterial mit einer Verarmung des Elektrolyten an Silber weniger zu rechnen braucht, wenn man nur für freie Säure sorgt.

Bei gewissenhafter Badkontrolle beträgt die Stromausbeute, an den Elektroden gemessen, 95 und mehr Prozent, und das Elektrolytsilber fällt 999 und mehr fein. Bevor man es einschmilzt, wird es auf der Nutsche mit Wasser gründlich ausgewaschen und getrocknet. Man kann es auch feucht einschmelzen, wenn man die Nachfüllung des Tiegels vornimmt, sobald die vorhergehende Füllung zusammengesintert ist.

Der Anodenschlamm wird auf der Nutsche gewaschen und dann mit Salpetersäure ausgekocht. Eine Anlage zum Auskochen zeigt Abb. 50. Die Auskochung liefert Silbernitrat, das zur Erneuerung der Bäder verwandt werden kann. Das Gold kann, so wie es ist, mit Säure auf Gold und Platin geschieden werden, oder man schmilzt es ein und elektrolysiert es. Der Metallstock an Silber wird auf 40% der Tagesproduktion geschätzt.

Betts empfiehlt die Silberelektrolyse in methylschwefelsaurer Lösung, die mit einem Kolloid versetzt ist, vorzunehmen. Das Silber soll zusammenhängend, aber spröde ausfallen.

Der neuere Moebius-Nebel-Apparat hat vor der älteren Anordnung nur den Vorzug, daß man das Silber kontinuierlich sammeln kann, auch ist der Anodenschlamm silberärmer. Der Metallstock ist größer, da die Anoden nur einseitig angegriffen werden. — Die Anoden befinden sich in flachen Trögen mit Filterböden und werden durch Platin- oder auswechselbare Silberkontakte mit der Stromleitung verbunden. Als Kathode dient ein endloses Silberband, das mit einer Geschwindigkeit von etwa 10 cm/min über Hartgummirollen bewegt wird. — An einem Ende des Bades wird es automatisch abgebürstet, am anderen Ende eingefettet, damit das Elektrolytsilber nicht anbacken kann. Die komplizierte Apparatur muß sorgfältig überwacht werden. In Abb. 51 ist ein Bad einer Moebius-Nebel-Anlage skizziert.

Das Verfahren von Balbach arbeitet gleichfalls mit liegenden Elektroden (Abb. 52). Es hat den Vorzug größter Einfachheit. Das Silber wird sehr vollständig gelöst und soll der Metallstock nur 30% der Tagesproduktion betragen, obgleich die Anoden nur einseitig gelöst werden. Man arbeitet meist mit einer

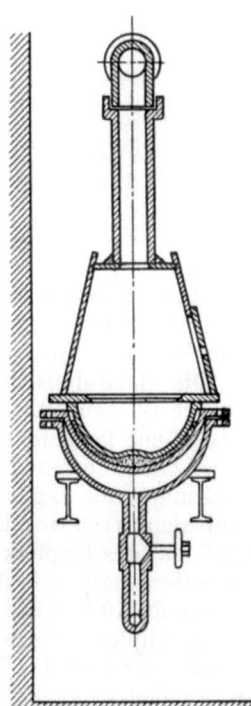

Abb. 50. Auskochanlage für Anodenschlämme.

etwas höheren Stromdichte und Spannung wie beim Moebius-Verfahren, die übrigen Bedingungen sind dieselben. — Als Anoden dienen Blicksilberplatten, die sich in flachen hölzernen Filterrostkästen be-

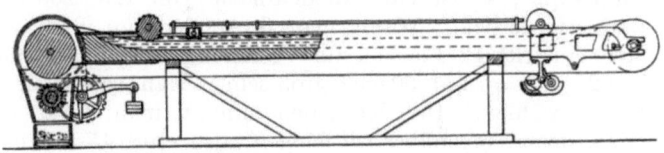

Abb. 51. Moebius-Nebel-Elektrolysierzelle.

finden. Der Elektrodenabstand ist größer als bei der Anordnung von Moebius — er beträgt etwa 10 cm. Als Kathode dient nach der einen Ausführungsart der aus dünnem Feinsilberblech bestehende Bodenbelag des Elektrolysiergefäßes. Doch dürfte sich dieser mit der Zeit verdicken und so den Metallstock erhöhen. Man benutzt nach der anderen Ausführungsart Graphitplatten, die neben ihrer Billigkeit den Vorzug haben, daß das Silber an ihnen nur wenig haftet. Man entfernt das Elektrolytsilber periodisch mit hölzernen Krücken, wodurch zu gleicher Zeit der Elektrolyt durchgemischt wird. Dieses periodische Mischen genügt, da schon dadurch der Elektrolyt an den Kathoden an Silber schwer verarmen kann, daß das schwere Silbernitrat von selbst zu Boden sinkt. Zu bemerken ist, daß man auch bei der Moebius-Apparatur mit Erfolg Graphitkathoden anwenden kann. Die Spannung steigt allerdings ein wenig, doch spart man auf diese Weise an Silber.

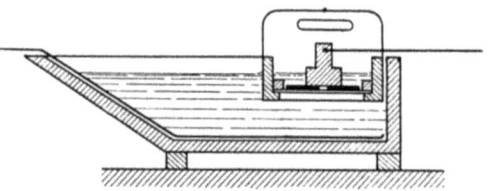

Abb. 52. Elektrolysierzelle nach Balbach.

Die elektrolytische Raffination von Werksilber unterscheidet sich von der Blicksilberelektrolyse im wesentlichen dadurch, daß der Elektrolyt einer bedeutend schnelleren Umwandlung unterworfen ist und entsprechend behandelt werden muß. Es sei als Beispiel die Verarbeitung einer Legierung gewählt, in welcher Silber und Kupfer im Äquivalentverhältnis legiert sind. Das Äquivalent des Silbers beträgt 4,025, das des Kupfers 1,18. Die Summe wäre 5,205. Aus der Division des Silberinhalts mit dem Gesamtgewicht erhält man, daß eine solche Legierung 773 fein ist. 2 Ampere lösen in der Stunde 4,025 g Silber und 1,18 g Kupfer, scheiden aber an der Kathode 8,05 g Silber ab. Pro Ampere verarmt das Bad also um 4,025 g Silber. Sollen nun z. B. in 48 Stunden 48 kg Feinsilber gewonnen werden, so muß die Hälfte des Silbers als Anodensilber, die andere Hälfte als Lösung in den Bädern vorhanden sein. Da in der Stunde 1 kg Silber ausgeschieden wird, müßte man mit einer Gesamtstromstärke von 1000 : 4,025 = rund 250 Ampere arbeiten. Wählt man eine 4 voltige Maschine, so kann man bequem zwei Bäder hintereinanderschalten und mit 125 Ampere arbeiten.

Arbeitet man mit einer durchschnittlichen Stromdichte von 200 Ampere/m², so ist eine Anodenfläche von 125 : 200 = 0,625 m² pro Bad erforderlich. Wählt man 6 Anoden pro Bad, welche für den Stromaustritt 12 Flächen zur Verfügung stellen, so müßte jede Anode 625 : 12 = rund 50 cm² groß sein. Man würde sie vielleicht 20 × 25 cm wählen. Die Kathoden nimmt man etwas größer als 2 Anoden, denen gegenüber sie hängen, also etwa 45 × 30 cm. Wählt man den Elektrodenabstand mit 7 cm, berücksichtigt man den seitlichen Abstand bis zur Wand des Bades mit 10 cm und den Abstand von der Kathode bis zum Boden mit etwa 20 cm, so würde der Inhalt eines jeden Bades

$$(10 + 20 + 20 + 10) \cdot (7 \cdot 7) \cdot (30 + 20) = \text{rund } 200 \text{ l}$$

betragen. In jedem Bade müßten 12 kg Silber vorhanden sein. Der Elektrolyt müßte also 12000 : 200 = 60 g Silber im Liter enthalten,

Die elektrolytische Silberraffination. 83

wenn man die Silbermenge nicht in Betracht zieht, die noch zum Schluß der Charge vorhanden sein muß. Die Anoden, welche im ganzen 24 kg Silber enthalten sollen, enthalten im einzelnen 24 : 12 = 2 kg Silber. Da sie 773 fein sind, wiegen sie 2 · 1000 : 773 = rund 2600 g. Rechnet man mit einem Anodenabfall von 10%, so sind sie in einem Gewicht von rund 2900 g zu gießen. Ihre Fläche betrug 50 cm^2, ihre Stärke wäre dann bei einem spezifischen Gewicht von 10 290 : 50 = rund 0,6 cm, An Kupfer enthielte jede Anode, wenn man nur mit dem löslichen Anodenprodukt rechnet, 2600 — 2000 = 600 g, jedes Bad enthielte zum Schluß 3,600 kg Cu, das wären im Liter 18 g Cu. Zur Lösung von 24 kg Silber wären nach S. 76 48 l Salpetersäure erforderlich gewesen, wenn man das Feinsilber der vorherigen Charge benutzt hätte, was aber die Produktion auf die Hälfte drückt. Wollte man dasselbe Scheidegut zur Hälfte auflösen, so würden die zu 24 kg Silber gehörigen 2 · 3,6 = 7,2 kg Cu, dazu noch 72 l Salpetersäure vom spezifischen Gewicht verbrauchen. Das Bad würde dann zum Schluß 36 g Cu im Liter enthalten. Man hilft sich in der Praxis damit, daß man aus allen möglichen Goldlegierungen, die sowieso vorraffiniert werden müssen, das Silber mit Salpetersäure herauslöst, daß man ferner Fällsilber und Schlammsilber von der Carl-Elektrolyse und alle möglichen Silberreste in Salpetersäure auflöst, um möglichst viel Nitrat für die Elektrolyse zu schaffen. Rechnet man den Silberstamm der Bäder mit 10 g im Liter, so macht das 4 kg, zumindest ebensoviel liegt als Fällsilber in den Fällbottichen brach, 24 kg sind in Lösung, 24 kg + 10%. also 26,4 kg, liegen in den Anoden fest, die Kathoden wiegen etwa 2,6 kg, so kommt man auf einen Stamm von 61 kg Silber bei einer Tagesproduktion von theoretisch 24 kg. — Der Silbergehalt des Elektrolyten, sein Kupfergehalt und auch der Gehalt an freier Säure muß häufig untersucht werden. Das Silber titriert man mit Rhodanammonium in einer herauspipettierten Probe, das Kupfer mit Zyankalium in ammoniakalischer Lösung, die freie Säure läßt sich auch durch Titration mit KOH bestimmen. Ihr Gehalt soll ungefähr bei 1% liegen.

Der Anodenschlamm ist um so silberhaltiger, je mehr Kupfer in den Anoden vorhanden war. Es wäre deshalb vielleicht ratsamer, kupferhaltige Legierungen nach dem Balbach-Verfahren zu scheiden, da der Anodenschlamm stets in leitender Verbindung mit der Stromquelle steht und sich das Silber schließlich doch herauslösen müßte. Man spritzt den Schlamm aus den Anodensäcken in eine Schale und bringt ihn auf den Nutschenfilter, wo er mit Wasser oder verdünnter Salpetersäure gewaschen wird. Dann empfiehlt es sich, ihn einzuschmelzen und für sich nochmals zu quartieren. Ist Platin zugegen, so muß man das Silber allerdings mit Salzsäure fällen, um aus der Mutterlauge das Platin für sich zu gewinnen.

Der verbrauchte Elektrolyt wird mit Kupfer auszementiert. Das Fällsilber wird ausgewaschen und sofort wieder gelöst, um so neuen Elektrolyten Platz zu schaffen. Die Mutterlauge von der Silberfällung muß nunmehr entkupfert werden. Man kann es als ziemlich gutes

Elektrolytkupfer gewinnen, wenn man es mit unlöslichen Anoden (z. B. aus geschmolzenem Eisenoxyd) elektrolysiert. Die Spannung beträgt jedoch dabei etwa 3,5 Volt, ferner ist das Äquivalent des Kupfers nur klein und werden so die Stromkosten aus dem Gewinn an Elektrolytkupfer oftmals nicht ausgeglichen. Rechnet man nach, so findet man, daß man bei einem Wirkungsgrade des Motors von 85% und dem der Dynamo von 65% etwa 5,5 kW/st. pro Kilogramm Cu bezahlen muß. Da ist die Eisenfällung auf jeden Fall vorzuziehen, weil sie fast nichts kostet und eine neutrale Lösung liefert, während der Elektrolyt um so saurer wird, je mehr Cu ausgeschieden wird.

Das aus kupferhaltigen Legierungen gewonnene Elektrolytsilber fällt im allgemeinen ganz gut aus. Sollte es durch unvorsichtige Arbeitsweise etwas schlammig fallen, so ist dieser Übelstand leicht zu beheben, indem man das Kristallgemenge mit Wasser schlämmt, wobei der unreine Schlamm übergeht, gesammelt und zu Nitrat gelöst werden kann. Im übrigen wird das Elektrolytsilber auf der Nutsche gewaschen und eingeschmolzen. Es ist 998—999 fein.

Das Dietzel-Verfahren.

Nach dem Dietzel-Verfahren lassen sich kupferhaltige güldische Silberlegierungen mit bestem Erfolg in der Weise vorraffinieren, daß das Kupfer unmittelbar rein gewonnen wird, während das Silber vom Golde getrennt in einer Form erhalten wird, die eine nachfolgende Raffination leicht ausführbar macht. Es beruht auf dem Prinzip, das Silber zusammen mit dem Kupfer anodisch zu lösen, ersteres aber auf dem Wege zur Kathode durch eine äquivalente Menge Kupfer zu ersetzen, das auf dieser allein zur Abscheidung gelange während Gold und Platin im Anodenschlamm verbleiben. Dementsprechend ist die Dietzel-Apparatur (Abb. 53) wie folgt angeordnet:

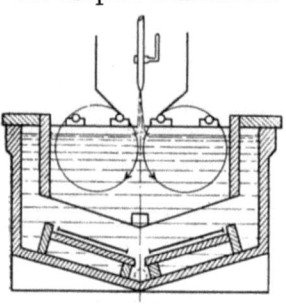

Abb. 53. Dietzel-Anlage.

Als Kathoden dienen zwei eingefettete Kupferrollen, die durch Schleifkontakte mit der Stromquelle verbunden sind und durch einen Bewegungsmechanismus in langsame Drehung versetzt werden, welche die mechanische Qualität des Kupferniederschlages begünstigt. Unter ihnen ist ein umgekehrt dachförmiges Leinwanddiaphragma angeordnet, welches ein Emporsteigen von Silbernitrat in den Kathodenraum behindert. Die schräge Anordnung verhindert, daß sich an den Anoden gebildete Gase ansammeln können und in Form von Blasen, die unter der Leinwand sitzen, dem Stromdurchgang hinderlich werden. Am gleichfalls schrägen Boden befindet sich ein hölzerner Rahmen, der in der Mitte in seiner Längsrichtung durchlocht ist. Er wird für den Fall, daß die ihn beschwerenden Anoden aufgezehrt sind, durch seitliche Leisten niedergehalten, die gleichzeitig dazu dienen, um ihn herauszuheben. Die Oberfläche des Rahmens ist mit einem Netz aus mindestens 18 karätigem Golde bespannt, als Zuleitung dient gleichfalls ein goldenes Band. Die schräge Anordnung des Bodens ist vorteilhaft, da das sich durch anodische Auflösung bildende schwere Nitrat so gezwungen wird, durch die Öffnungen in der Mitte des Anodenbehälters zu einem darunter befindlichen, seitlich gelochten Glasrohr zu fließen, durch welches es in demselben Maße abfließt, als von oben her Kupfernitrat zufließt. Man hat es somit in der Hand, die Zirkulationsgeschwindigkeit des Elektrolyten so zu wählen, als es einer gewünschten Konzentration an Nitrat entspricht. Das Niveau wird durch Einstellen des Abflußrohres reguliert. Der Silbernitrat und Kupfernitrat enthaltende Elektrolyt gelangt aus dem Rohr in eine Reihe von Zementationskammern, wo das Silber durch Kupfer ausgefällt wird. Dabei verliert der Elektrolyt seine freie Säure. Nachdem er die Zementationskammern verlassen hat, wird in ihn evtl. Luft eingeblasen, wodurch das Eisen als basisches Salz ausfällt. Dann wird er mit frischer Salpetersäure versetzt und durch Druckluft in einen über den Kathoden befindlichen Behälter gepumpt, von wo aus er wieder den Kathoden zugeführt wird.

Man elektrolysiert meist mit einer Stromdichte von etwa 200 bis 250 Ampere auf den Quadratmeter Kathodenfläche. Die Spannung beträgt etwa 2,5 Volt. Das Kupfer scheidet sich an den eingefetteten Kathoden in Dendritenform ab und wird von Zeit zu Zeit abgeschlagen. Es ist etwas oxydulhaltig. Sein Silbergehalt ist meist belanglos. Man verschmilzt es mit etwas Holzkohle zu Kornkupfer. Der Anodenschlamm wird von Zeit zu Zeit gesammelt und mit Säure geschieden. Er enthält verhältnismäßig wenig Silber. Das Silber wird aus den Kammern periodisch entfernt und bedarf noch der elektrolytischen Raffination.

Es lag der Gedanke nahe, bei der Scheidung von verhältnismäßig hochhaltigem Werksilber nach dem Dietzel-Verfahren, die Strömungsgeschwindigkeit so gering zu halten, daß man einen so weit silberreichen Elektrolyten erhält, daß man aus demselben in Moebius-Bädern unter Anwendung von Anoden aus gleichartigem Material direkt Elektrolytsilber herstellen könnte. Die Dietzel-Apparatur bedarf hierbei einiger Modifikation und für eine kontinuierliche Elektrolytsilbergewinnung bedarf es einer geeigneten Bäderanordnung. Dieses Verfahren ist vom Verfasser durchgeführt und zum D.R.P. angemeldet. Es fehlen aber noch einige experimentelle Unterlagen, so daß vorläufig von einer technischen Beschreibung abgesehen werden muß.

Das Verfahren von Dr. Carl

(D.R.P.) ist das Neueste auf dem Gebiete der Vorraffination kupferhaltiger Gold-Silberlegierungen. Nach diesem Verfahren werden Legierungen, die beliebige Mengen Silber und Kupfer und bis etwa 25% Gold mit Platin enthalten, in Perchloratlösung anodisch gelöst. Das Silber fällt zusammen mit dem Kupfer als feiner Schlamm an der Kathode aus, während das Gold zusammen mit etwa vorhandenem Platin als um so festerer Schwamm an der Anode verbleibt, je mehr von diesen beiden vorhanden war. Ein kleiner Teil des Goldes, dessen Verzinsung aber belanglos ist, gerät in das Silber-Kupfergemisch. Zu bemerken ist, daß der größte Teil des Kupfers in oxydiertem Zustande ausfällt. Nach dem Auswaschen des Kathodenproduktes auf der Nutsche kann man das Kupfer durch Auskochen des Ganzen mit verdünnter Schwefelsäure unter Einblasen von Luft zum größten Teil entfernen und so als Vitriol gewinnen. Dabei erhält man das Silber zusammen mit sehr wenig Gold fast kupferfrei. Das Silber kann nunmehr eingeschmolzen und nach Moebius elektrolysiert oder direkt mit Salpetersäure zu Silbernitrat verarbeitet werden. Das Anodengold ist gleichfalls vorraffiniert und kann elektrolytisch oder mit Säure geschieden bzw. vom Platin getrennt werden. Da man mit sehr großen Stromdichten arbeiten kann, hat dieses Verfahren dem Dietzel-Verfahren gegenüber den Vorzug sehr großer Schnelligkeit. Verfasser baut z. Zt. eine größere Anlage nach dem Carl-Verfahren und ist gern bereit, Interessenten Näheres zu berichten.

Die elektrolytische Raffination des Goldes.

a) Mit Gleichstrom.

Nach diesem Verfahren, das von Wohlwill ausgearbeitet worden ist, lassen sich vorraffiniertes Gold sowie Rohgold erfolgreich raffinieren. An Stelle der Säurekosten, wie beim Verfahren mit SO_2, kommen die Stromkosten, die meist geringer ausfallen dürften, doch erfordert die Elektrolyse einen nicht unbeträchtlichen Metallstock, dessen Verzinsung Geld kostet. Das Elektrolytgold hat gleichfalls einen Feingehalt von 999,9—1000 $^0/_{00}$. Im folgenden ist das Wesentliche aus den diesbezüglichen Patentschriften entnommen.

Wird eine neutrale Lösung von reinem Goldchlorid zwischen Goldelektroden zersetzt, so entweicht auch bei sehr geringen Stromdichten (etwa unter 10 Ampere/m²) das an der Anode abgeschiedene Chlor, ohne auf das Metall zu wirken, und an diesem Verhalten wird durch Erhöhung der Temperatur nichts geändert. Dieselbe Erscheinung zeigt sich bei etwas höheren Stromdichten, wenn man eine sehr schwach salzsaure Goldlösung elektrolysiert. Steigert man die Temperatur und den Salzsäuregehalt, so verschwindet die Chlorentwicklung und man kann sogar Stromdichten bis 1000 und mehr Ampere auf den Quadratmeter anwenden. Der günstigste Gehalt liegt bei 20—50 cm³ konzentrierter Salzsäure und 25—30 g Gold im Liter bei einer Temperatur von etwa 60—70°, nach anderen Angaben auch bei einer Temperatur von etwa 90°. Bei der Elektrolyse gehen in Lösung das Gold mit den meisten Verunreinigungen, sowie das Platin und Palladium, doch fällt nur das Gold allein aus. Das Platin läßt sich bis etwa zum doppelten Gehalt, als Gold in Lösung ist, anreichern, das Palladium etwa bis 5 g im Liter. Der größere Teil des Iridiums bleibt ungelöst zurück. Mit diesem wird der Silbergehalt in Form von Silberchlorid in festem Zustande abgeschieden, desgleichen ein Teil des Bleies als Bleichlorid

Die elektrolytische Raffination des Goldes. 87

sobald die Lösung mit diesem nahezu gesättigt ist, und Wismut als Oxychlorid, sobald der Salzsäuregehalt der Lösung für dasselbe nicht ausreichen sollte. Dem auf diese Weise an der Anode ausgeschiedenen, in kleineren Mengen leicht abfallenden, unlöslichen Schlamm ist, abgesehen von kleinsten Bruchteilen der unveränderten Anode, regelmäßig eine überwiegende Menge — etwa 10% des Anodengewichtes — von äußerst fein verteiltem Gold beigemischt. Die Entstehung dieses Goldabfalls führt Wohlwill darauf zurück, daß ein Teil des Anodengoldes zunächst nicht in Chlorid, sondern in Chlorür AuCl übergeführt wird, dieses aber unmittelbar nach der Entstehung zum Teil wieder in Goldchlorid und fein verteiltes Gold zerfällt. — Es findet durch die Bildung nicht gefällter Chloride eine stete Verarmung des Bades an Gold statt, auch verdunsten Wasser und Säure. Diese Verluste müssen entsprechend ergänzt werden, wozu mehr oder weniger einfache automatische Vorrichtungen in Vorschlag gebracht werden. — Der Goldniederschlag ist bei reinem Elektrolyten ziemlich voluminös. Die Kathoden können daher erheblich schmäler als die Anoden — die übrigens meist 0,5—0,6 mm stark sind — genommen werden. Sie wachsen sehr bald auch in die Breite, erhalten eine größere Oberfläche und können bis auf 3 cm an die Anoden herangerückt werden. Die Spannung beträgt durchschnittlich 1 Volt. Als Elektrolysiergefäße dienen kleine Porzellan- oder Steinzeugwannen, die man auf dem Sand- oder Wasserbade unter dem Abzug bei ständiger Temperaturkontrolle erhitzt. Wenn Silber nur bis etwa 5% zugegen ist, fällt es von den Anoden leicht ab. Bei größerem Gehalt müssen die Anoden von Zeit zu Zeit abgeschabt werden. Der Silbergehalt darf bis zu 15% ansteigen. Lästigen Bleigehalt beseitigt man durch Schwefelsäure. Das Silber kann aus dem mit Wasser ausgewaschenem Anodenschlamm durch Thiosulfat herausgelöst werden. Das Kathodengold wird in Wasser gewaschen und ohne Flußmittel eingeschmolzen.

b) Mit asymmetrischem Wechselstrom.

Man erhält periodisch veränderlichen Gleichstrom, wenn man Gleichstrom in kleinen ungleichen Zeitabständen — nach Wohlwill z. B. abwechselnd in $1/50$ und $1/30$ Sekunden — kommutiert, oder wenn man eine Gleichstromquelle mit einer Wechselstromquelle parallel oder in Serie schaltet. Für die Elektrolyse ist die Serienschaltung empfehlenswerter. Übersteigt dabei die maximale Wechselstromstärke J_w die Gleichstromstärke i_g oder ist die effektive Wechselstromstärke i_w größer als $0{,}707\, i_g$, so erhält man einen asymmetrischen Wechselstrom, dessen Nullinie durch den Wert des Gleichstromes gegeben ist. Die Gleichstromstärke wird durch ein in den Stromkreis eingeschaltetes, polarisiertes Gleichstrominstrument gemessen, die Summenstromstärke i_s läßt sich an einem Hitzdrahtinstrument ablesen. Die Wechselstromstärke läßt sich dann aus der Formel

$$i_w = \sqrt{i_s^2 - i_g^2}$$

berechnen. Man wählt sie je nach dem Silbergehalt der Anoden verschieden. Im Durchschnitt nimmt man sie gleich groß oder um 10%

stärker als die Gleichstromstärke. Ist die Gleichstromdichte z. B. 1250 Ampere und die Gesamtstromdichte 1858 Ampere, so ist die Wechselstromdichte

$$i_w = \sqrt{1858^2 - 1250^2} = 1375 \text{ Ampere},$$

also in diesem Fall um 10% höher als die Gleichstromdichte. Die Gleichstromspannung wäre dann pro Bad etwa 1 Volt, die Gesamtstromspannung dürfte 1,4 Volt betragen. Die Wechselstromspannung wäre dann

$$e_w = \sqrt{e_s^2 - e_g^2},$$

$$e_w = \sqrt{1,4^2 - 1,1^2} = 0,75 \text{ Volt}.$$

Erhöht man die Wechselstromspannung, so sinkt die Gleichstromspannung. Bei hintereinandergeschalteten Maschinen müssen die Anker beider Maschinen für die höchst vorkommende Gesamtstromstärke i_s gewickelt sein. Die Periodenzahl wird meist mit 50 Perioden in der Sekunde bemessen.

Ein praktischer Vorzug der Mitanwendung von Wechselstrom äußert sich darin, daß man wesentlich silberreicheres Gold verarbeiten kann. Durch die Wirkung des Wechselstromes wird das Chlorsilber anscheinend abwechselnd reduziert und wieder chloriert. Ferner tritt bei einer Gleichstromdichte, die für sich allein schon Chlor entwickeln würde, eine leichte Sauerstoffentwicklung auf, welche das durch den Wechselprozeß schon gelockerte Chlorsilber weiter auflockert, so daß es meist von der Anode abfällt. Wird die Sauerstoffentwicklung zu stark, so ermäßigt man die Gleichstromdichte oder kann auch die Wechselstromdichte erhöhen. Nach Wohlwill ließ sich eine Legierung mit 20% Ag bei 1200 Ampere/m² Gleichstromdichte, die sich zur Wechselstromdichte wie 1 : 1,7 verhielt, noch gut verarbeiten.

Ein weiterer Vorzug ist dadurch gegeben, daß nur etwa 1% Gold in den Anodenschlamm geht. — Bei etwas niedrigeren Stromdichten kann auch bei Zimmertemperatur gearbeitet werden. Die angewandten Stromdichten können bei einer Temperatur von 60—70° größer als bei der Gleichstromelektrolyse bemessen werden. Der Metallstock ist geringer als beim Gleichstromverfahren, nur die meist belanglosen Stromkosten sind etwas höher.

Die Platinaffinerie

ist in der Scheidung der Edelmetalle ein Kapitel für sich und kann hier nur gestreift werden.

Man schmilzt Platin im Knallgebläse von Sauerstoff mit Azetylen, Wasserstoff oder Leuchtgas in ausgehöhlten Stücken aus gebranntem Kalk, welche häufig mit gleichartigen Stücken überdeckt werden und so gewissermaßen einen kleinen Flammofen bilden. Der Kalk muß trocken gehalten werden, auch ist er, bevor man auf ihm schmilzt, gut auszuglühen. Kalk ist sehr temperaturbeständig, kann aber andrerseits auch diverse Verunreinigungen verschlacken oder aufsaugen. Was

Kalk nicht aufnimmt, verschlackt Asbest, den man oft in kleinen Stücken auf die Schmelze gibt. Auch wenig Blei ist ein gutes Reinigungsmittel, weil sein Oxyd lösend wirken kann, doch muß man unter dem Abzug arbeiten. Schon die hohe Temperatur bewirkt eine teilweise Reinigung, indem vieles flüchtig geht. Es verflüchtigt sich leicht Silber, dessen Gegenwart am entwickelten Dampf leicht erkennbar ist. Sich verflüchtigendes Gold hinterläßt am Rande des Kalkstückes einen roten Hauch. Auch Palladium verflüchtigt sich teilweise; man schmilzt daher solche Legierungen, bei denen es nicht auf die Verflüchtigung geringer Spuren ankommt, in der kälteren Leuchtgas-Sauerstoffflamme. Auch Osmium geht leicht als OsO_4 flüchtig und belästigt die Augen aufs empfindlichste. Es findet sich eigentlich nur im Platinerz, welches sonst, so wie es ist, geschieden wird, doch kommt es vor, daß solches in zusammengeschmolzenem und blankpoliertem Zustande angeliefert wird. Es zerspringt dann meist auf dem Amboß unter dem Hammer. Auch sonst verunreinigtes Platin wird beim Walzen leicht rissig und ist so leicht zu erkennen. Ein kleiner Kupfergehalt wird erkannt, wenn man das dünn ausgewalzte geschmeidige Blech in der Leuchtgasflamme glüht: es zeigt sich nach dem Erkalten an der Stelle des Flammenrandes ein leichter grauer Anflug. — Leichte Verunreinigungen des Platins lassen sich durch oxydierendes Schmelzen gut beseitigen. Man schmilzt, bis beim Erstarren an der Oberfläche des Platins ein schwer zu beschreibendes Wechselspiel auftritt, diese aber nach dem Erstarren absolut blank ist und keinerlei Schlackenpunkte aufweist. Die raffinierende Schmelzung ist um so früher beendet und die Verluste durch spurenweise Platinverdampfung sind um so geringer, je sauberer das Ausgangsmaterial war. Die verhältnismäßig reinen Platinabfälle werden daher zuvor in Salpetersäure scharf ausgekocht, nachdem man Nickel und Eisen mit dem Magneten entfernt hat. Nach gründlicher Entfernung der Salpetersäure empfiehlt es sich, nochmals mit Salzsäure zu kochen, damit evtl. nicht bemerktes Aluminium fortgelöst wird. Ist nicht zu silberreiches Gold oder Lot zugegen, so kann man solche entfernen, indem man die Abfälle in verdünntem kalten Königswasser stehen läßt. Bleiben sie nach dieser Operation blank, so ist kein Platin mit in Lösung gegangen. Anhaftendes Chlorsilber kann mit Ammoniak entfernt werden. Als letztes werden die Platinabfälle vor dem Leuchtgas-Luftgebläse ausgeglüht; schmilzt nichts und bleibt alles blank, so hat man ziemlich reines — „technisch reines" — Platin vor sich. Schmilzt man es ein, so wird es dadurch weiter gereinigt. Bleibt die Oberfläche beim Erstarren blank, so entfernt man das Platin mit einer Zange aus der Schmelzvertiefung und kocht den unten anhaftenden Kalk in Salzsäure fort. Die rauhe untere Fläche wird mit einem kleinen Brenner glattgeschmolzen, so daß nur diese Oberfläche ins Schmelzen gerät. Ist das Platin rein, so wird es ausgeschmiedet und darf dabei keine Risse bekommen. Es enthält noch wenig Gold, Kupfer, Silber, evtl. einige Platinbegleitmetalle und ist mit dem Iridium zusammen meist 997 fein. Die Schmelzgefäße aus Kalk werden gesammelt, zerstoßen, mit Wasser ausgeschlämmt, der Rest in Salzsäure weggelöst. Was da noch verbleibt, ist neben einigen eingesprengten, sauberen, kleinen Platinkugeln so unrein, daß das Ganze für sich geschieden wird.

Eine glatte Unterfläche erhält man, wenn man das Platin in einer dicken Schale aus geschmolzenem Quarz schmilzt. Der Quarz erweicht etwas, doch meist leitet sich die Wärme ab, so daß dieses nicht störend wird. Man muß aber schnell und mit beträchtlichem Sauerstoffüberschuß arbeiten, damit sich keinerlei Silizium reduzieren kann, da schon Spuren davon das Platin brüchig machen können.

Gebräuchlich, aber nicht sehr empfehlenswert, sind Kupellen aus Schamotte.

In der hohen Temperatur eines elektrischen Ofens läßt sich das Platin gut schmelzen, doch ist eine gleichzeitige Raffination weniger möglich. Die Graphittiegel müssen besonders präpariert werden, damit das Platin keinerlei Kohlenstoff aufnehmen kann, der es sehr brüchig macht. Geschiedenes Platin ließe sich, besonders in größeren Mengen, nicht unvorteilhaft im elektrischen Ofen verschmelzen.

Liegen mehr verunreinigte Platinabfälle vor oder soll iridiumfreies Platin hergestellt werden, so müssen sie geschieden werden. Man löst sie in Königswasser. Planschen werden zuvor vorteilhaft zu Spänen gehobelt. Mit Platin legiertes Iridium geht zum Teil in Lösung, zum Teil bleibt es als schwarzes Pulver ungelöst zurück. Je mehr Iridium im Platin vorhanden ist, um so schwerer wird das Platin von Königswasser angegriffen. Bei etwa 10% Iridium löst sich die Legierung fast gar nicht mehr. Man nimmt dann das Platin zuvor in metallischen Lösungsmitteln wie Blei, Zink oder Silber auf und löst diese mit einer Säure fort. Der Rückstand wird in Königswasser gelöst.

Die Königswasserlösung des Platins wird zur Entfernung der Salpetersäure wiederholt mit Wasser und Salzsäure abgedampft. Nach einer gebräuchlichen Methode werden die trockenen Chloride eine Zeitlang auf 125° erhitzt, wodurch das Iridiumtetrachlorid reduziert wird und dann mit Salmiak nicht mehr ausfällt. Das Gemenge wird in verdünnter Salzsäure aufgenommen und vom Chlorsilber, reduziertem Gold und Iridium abfiltriert. Im Filtrat fällt man das Platin als kanariengelben Platinsalmiak durch Einrühren einer überschüssigen Menge evtl. mit Alkohol versetzter konzentrierten Salmiaklösung. Er wird mit dem gleichen Mittel gründlich ausgewaschen. Die Waschwässer werden mit Zink reduziert. Es fallen dabei die übrigen Platinmetalle zusammen mit etwas Gold und wenig Platin aus. Man übergibt diese Rückstände gelegentlich einer Platinaffinerie. Der Rückstand vom ersten Filter wird mit Ammoniak entsilbert, dann löst man das Gold mit verdünntem Königswasser weg. Das Iridium kann oxydiert und für sich in Königswasser raffiniert werden.

Platinerz wird zuvor durch leichtes Erwärmen mit verdünntem Königswasser entgoldet und dann mit kräftigem Königswasser ähnlich geschieden. Da die sich bildende Überosmiumsäure bekanntlich flüchtig geht, arbeitet man vorteilhaft mit einer Vorlage, in welcher sie sich kondensieren kann. Das Platin wird mit Salmiak gefällt, nachdem man das Iridium zuvor durch Erhitzen oder Einleiten von wenig SO_2 reduziert hat. Der Platinsalmiak zerfällt nach dem Glühen in Platinschwamm. Man glüht ihn zweckmäßig in Tiegeln aus geschmolzenem Quarz im Gasofen und leitet zum Schluß Wasserstoff oder Leuchtgas in den Tiegel, so daß der Schwamm erglüht. Der erkaltete Schwamm wird vor dem Einschmelzen meist in Salpetersäure abgekocht, um Reste von Verunreinigungen tunlichst zu entfernen.

Beim Lösen von Platinerz bleibt das Osmiridium, welches mehrere Prozente ausmacht, ungelöst zurück. Es wird sehr vorteilhaft mit Na_2O_2 aufgeschlossen. Man arbeitet zweckmäßig in einer Silberschale, indem man das Gemisch so weit erhitzt, daß ein lebhaftes Erglühen erfolgt. Dieses ist zu dämpfen, wenn man etwas gepulvertes Natriumhydroxyd aufschüttet. — Das Iridium oxydiert sich und das Osmium verschlackt als Osmiat. — Die Schmelze wird unter dem Abzug vorsichtig mit Wasser ausgelaugt. Es entweicht dabei etwas OsO_4. Der Rückstand wird mit alkalischem Wasser gründlich ausgewaschen und dann in Königswasser gelöst. Es löst sich dabei das oxydierte Iridium. Man filtriert vom nicht aufgeschlossenen Teil des Osmiridiums ab, das für sich nochmals aufgeschlossen wird, und fällt im Filtrat das Iridium mit Salmiak. Der schwarzrote Iridiumsalmiak wird mit dem Fällungsmittel gründlich ausgewaschen, getrocknet und im Quarztiegel ausgeglüht. Der Iridiumschwamm wird in Königswasser ausgekocht, wodurch beigemengtes Platin in Lösung geht, und dann evtl. durch Zusammenschmelzen mit Bisulfat vom Rhodium befreit. In der Mutterlauge von der Iridiumfällung werden die übrigen Platinmetalle mit Zink ausgefällt und an eine Platinraffinerie abgegeben. In die ausgelaugte, Osmium enthaltende, alkalische Lösung leitet man Schwefelwasserstoff. Das Osmium fällt hierbei als Sulfid aus. Es wird mit schwefelwasserstoffhaltigem Wasser gründlich ausgewaschen, getrocknet und in ein Rohr aus schwer schmelzbarem Glase gebracht. Dieses wird erhitzt und dann leitet man Wasserstoff hindurch. Durch diesen reduziert sich das Osmium zu Metall und es entweicht Schwefelwasserstoff. Das Osmium kann gereinigt werden, indem man es mit Salpetersäure überdestilliert.

Tafel I.

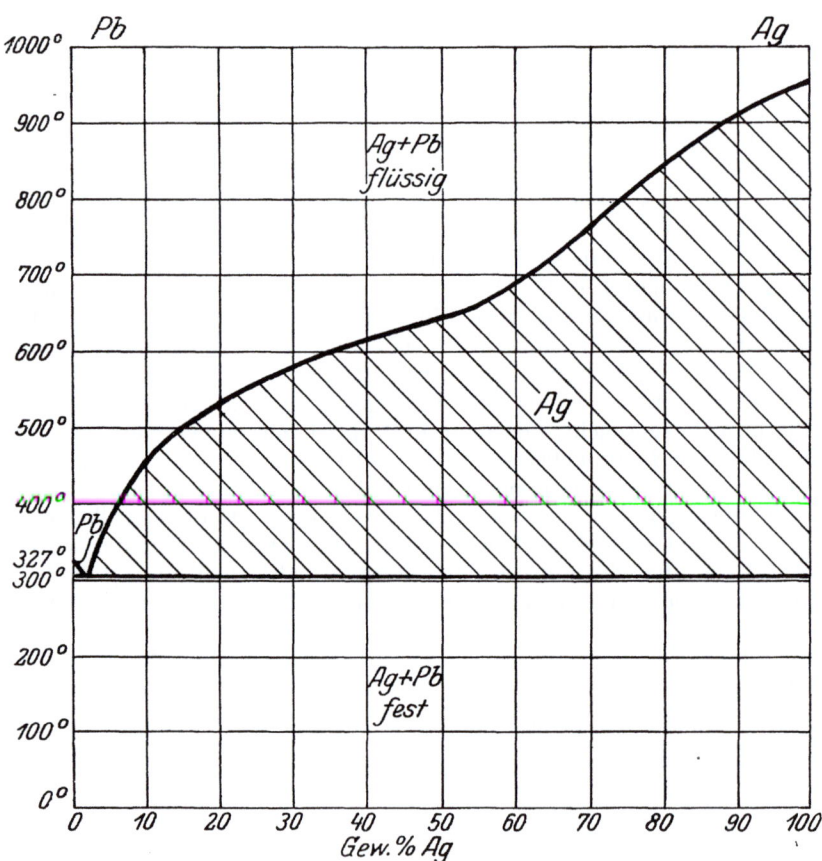

Zustandsdiagramm der Blei-Silber-Legierungen.

Tafel II.

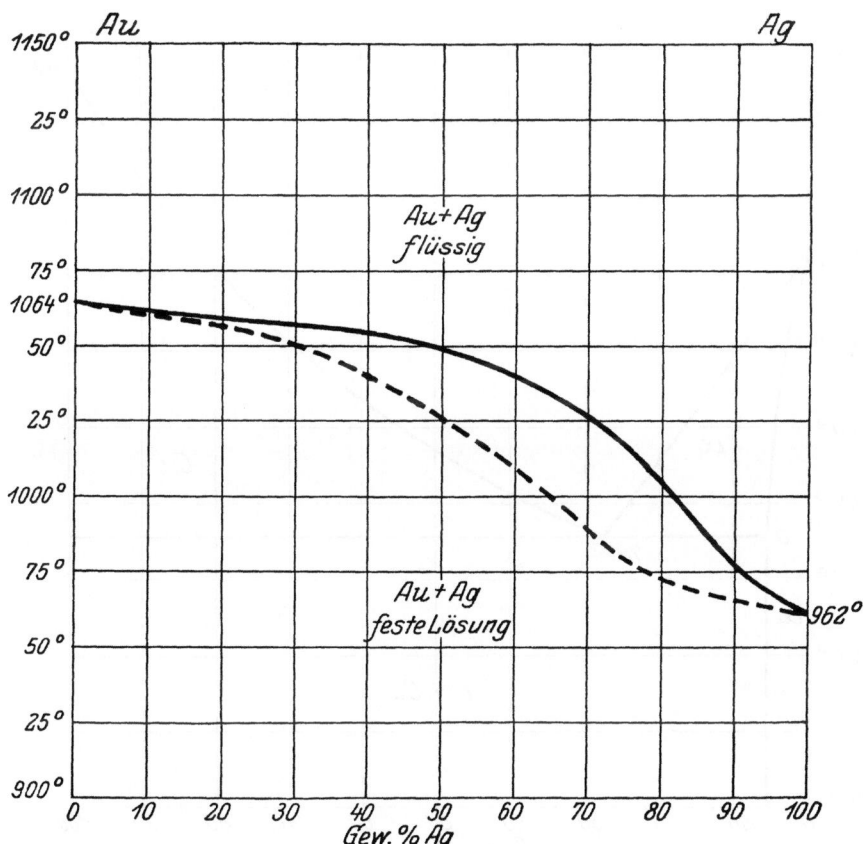

Zustandsdiagramm der Gold-Silber-Legierungen.

Tafel III.

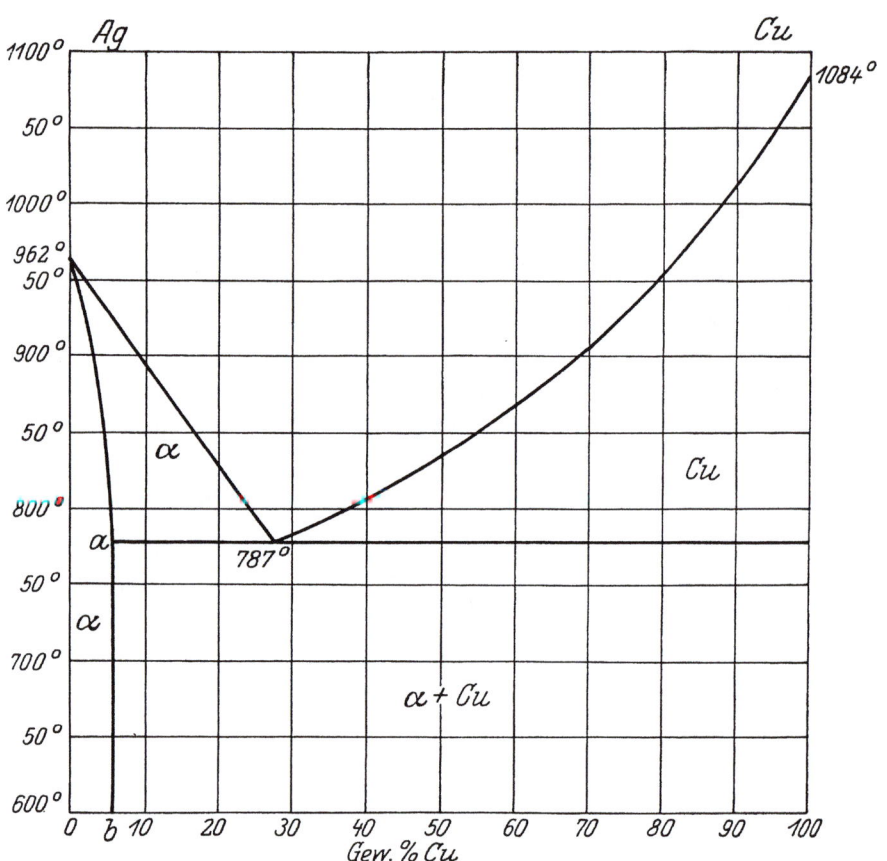

Zustandsdiagramm der Silber-Kupfer-Legierungen.

Tafel IV.

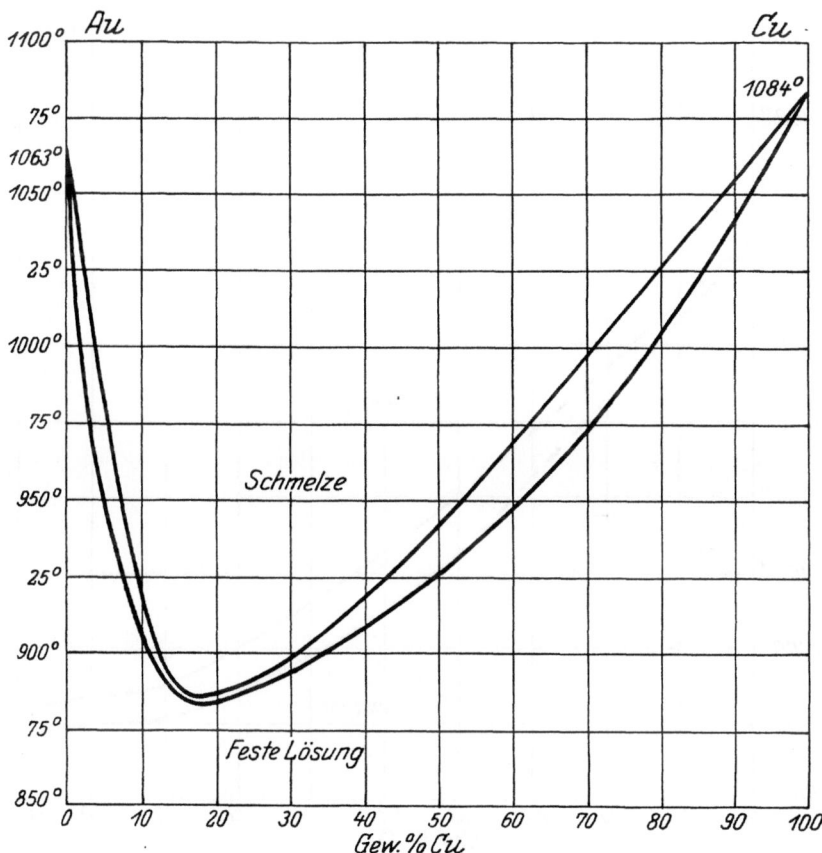

Zustandsdiagramm der Gold-Kupfer-Legierungen.

Tafel V.

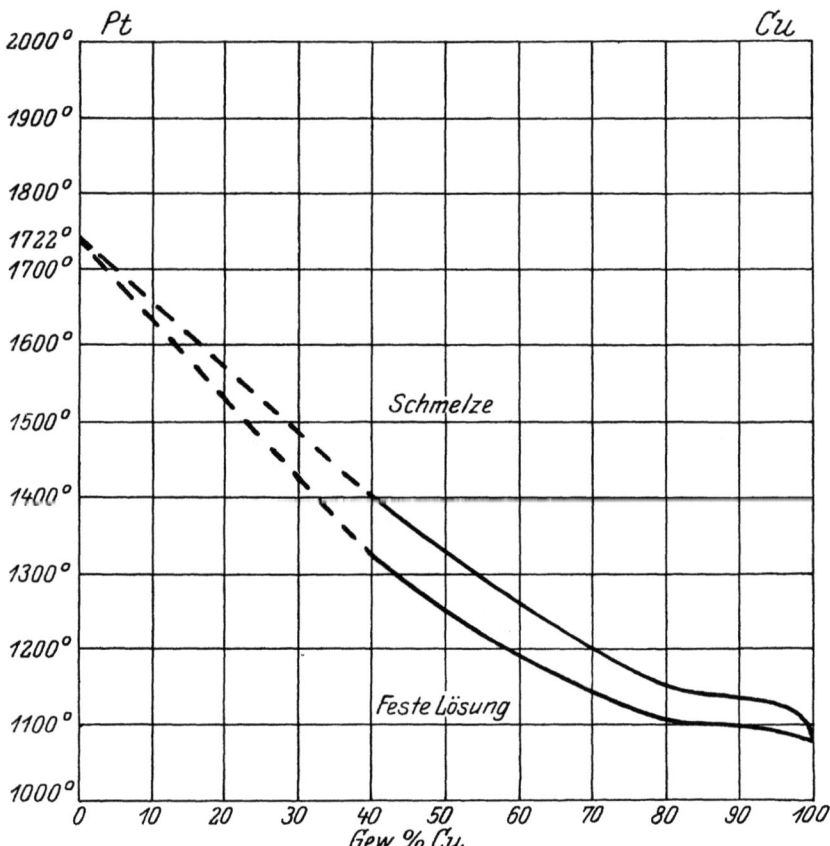

Zustandsdiagramm der Platin-Kupfer-Legierungen.

Tafel VI.

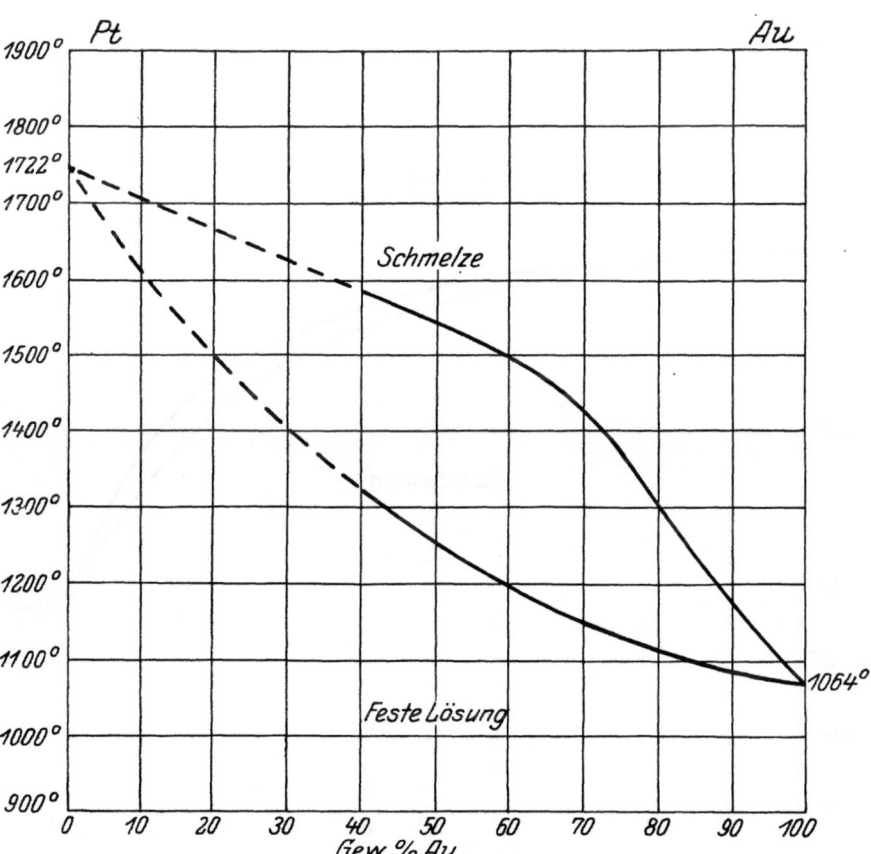

Zustandsdiagramm der Platin-Gold-Legierungen.

Tafel VII.

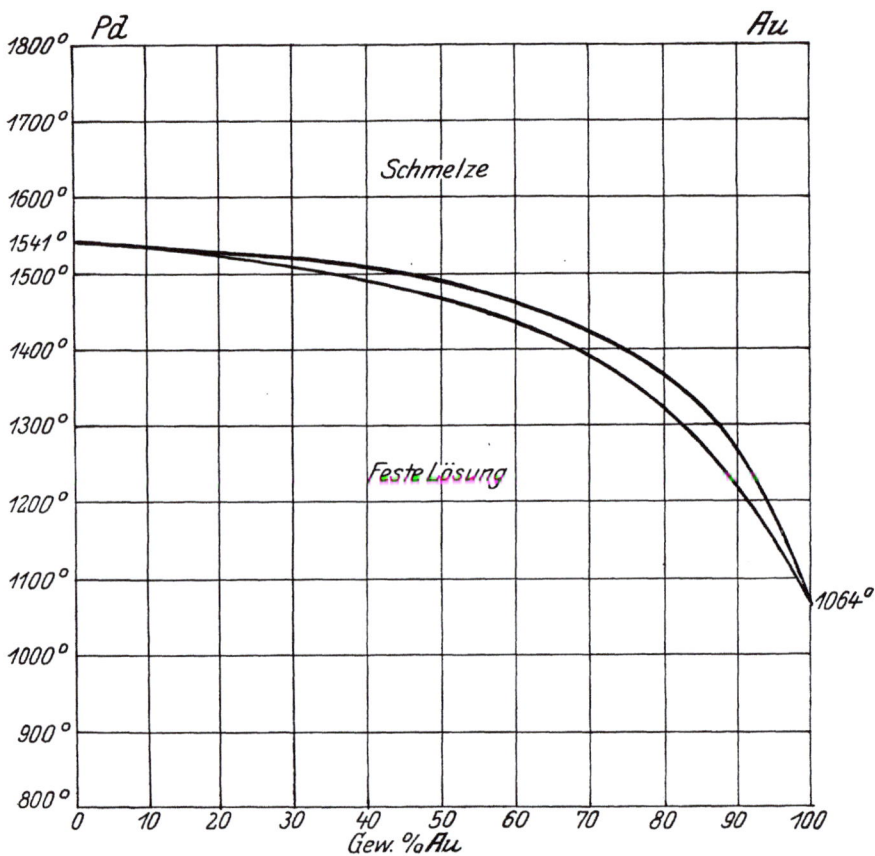

Zustandsdiagramm der Palladium-Gold-Legierungen.

Tafel VIII.

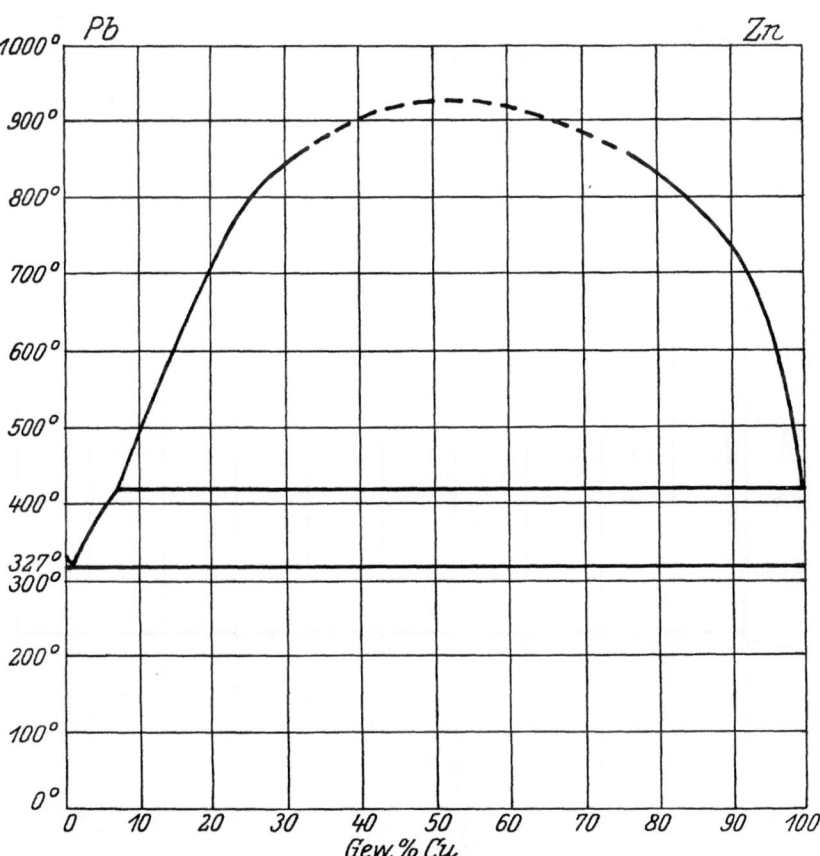

Zustandsdiagramm der Blei-Zink-Legierungen.

Tafel IX.

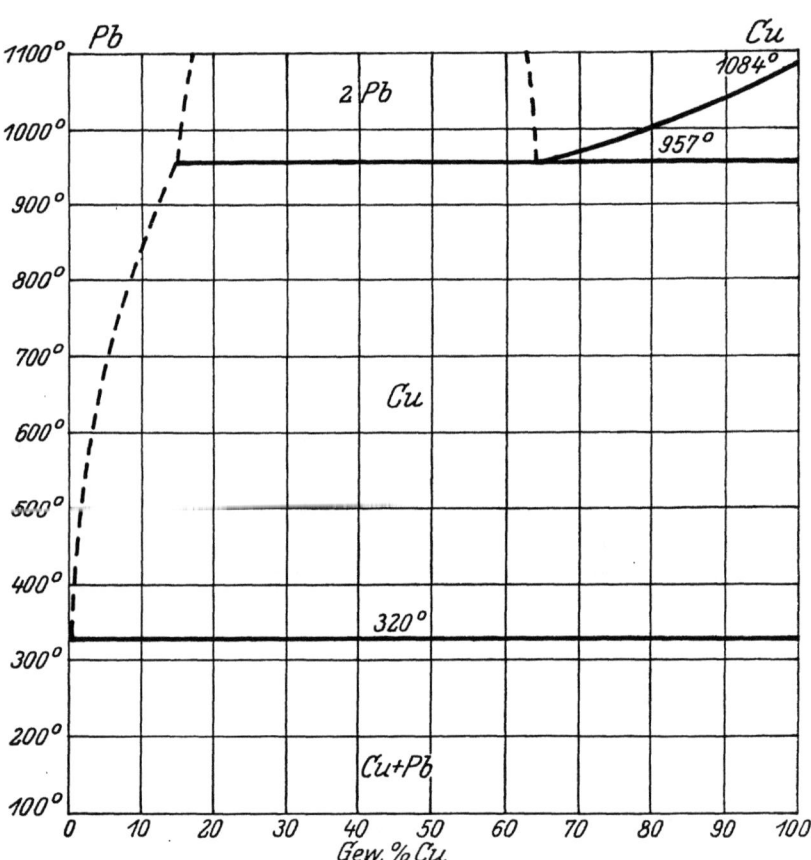

Zustandsdiagramm der Blei-Kupfer-Legierungen.

Tafel X.

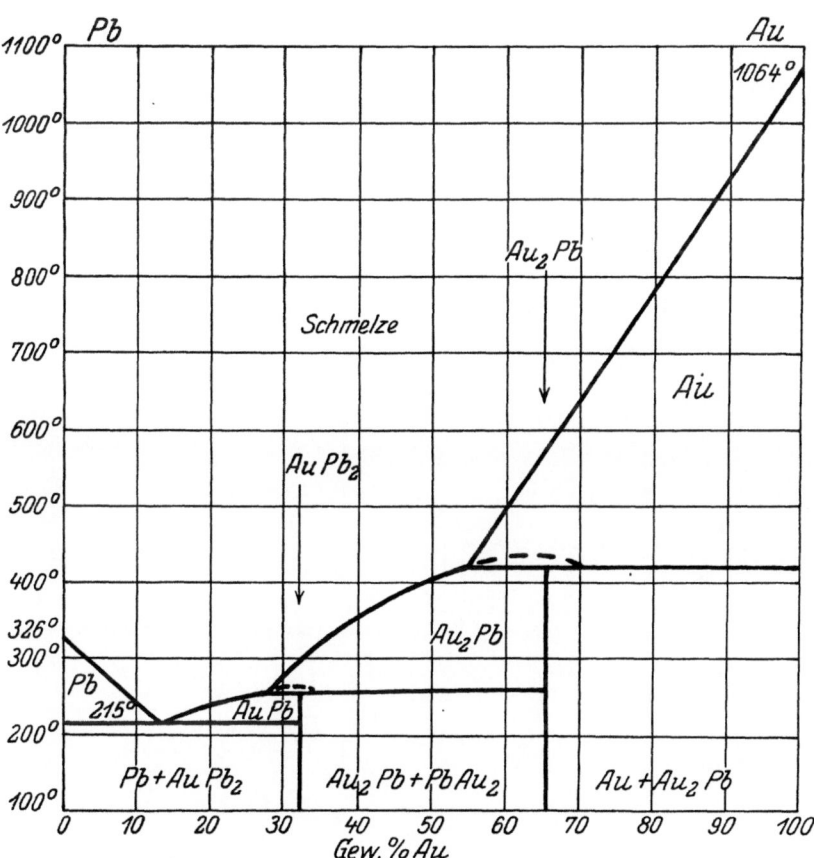

Zustandsdiagramm der Blei-Gold-Legierungen.

Verlag von Julius Springer in Berlin W 9

Moderne Metallkunde in Theorie und Praxis. Von Ober-Ing. **J. Czochralski.** Mit 298 Textabbildungen. (305 S.) 1924.

Gebunden 12 Goldmark

Lagermetalle und ihre technologische Bewertung.
Ein Hand- und Hilfsbuch für den Betriebs-, Konstruktions- und Materialprüfungsingenieur. Von Ober-Ing. **J. Czochralski** und Dr.-Ing. **G. Welter.** Zweite, verbesserte Auflage. Mit 135 Textabbildungen. (123 S.) 1924.

Gebunden 4.50 Goldmark

Die Verfestigung der Metalle durch mechanische Beanspruchung. Die bestehenden Hypothesen und ihre Diskussion.
Von Prof. Dr. **H. W. Fraenkel,** Frankfurt a. M. Mit 9 Textfiguren und 2 Tafeln. (51 S.) 1920. 1.80 Goldmark

Metallurgische Berechnungen. Praktische Anwendung thermochemischer Rechenweise für Zwecke der Feuerungskunde, der Metallurgie des Eisens und anderer Metalle. Von Professor **Joseph W. Richards,** Lehigh-Universität. Autorisierte Übersetzung nach der zweiten Auflage von Professor Dr. **Bernhard Neumann,** Darmstadt, und Dr.-Ing. **Peter Brodal,** Christiania. (614 S.) 1913. Unveränderter Neudruck. 1920.

Gebunden 24 Goldmark

Die Messung hoher Temperaturen. Von **G. K. Burgess** und **H. Le Chatelier.** Nach der dritten amerikanischen Auflage übersetzt und mit Ergänzungen versehen von Professor Dr. **G. Leithäuser,** Dozent an der Technischen Hochschule Hannover. Mit 178 Textfiguren. (502 S.) 1913.

18 Goldmark

Die Theorie der Eisen - Kohlenstoff - Legierungen.
Studien über das Erstarrungs- und Umwandlungsschaubild nebst einem Anhang: Kaltrecken und Glühen nach dem Kaltrecken. Von **E. Heyn,** weiland Direktor des Kaiser-Wilhelm-Instituts für Metallforschung. Herausgegeben von Professor Dipl.-Ing. **E. Wetzel.** Mit 103 Textabbildungen und XVI Tafeln. (193 S.) 1924. Gebunden 12 Goldmark

Probenahme und Analyse von Eisen und Stahl. Hand- und Hilfsbuch für Eisenhütten-Laboratorien. Von Professor Dipl.-Ing. **O. Bauer** und Professor Dipl.-Ing. **E. Deiß.** Zweite, vermehrte und verbesserte Auflage. Mit 176 Abbildungen und 140 Tabellen im Text. (312 S.) 1922.

Gebunden 12 Goldmark

Verlag von Julius Springer in Berlin W 9

Die Edelstähle. Ihre metallurgischen Grundlagen. Von Dr.-Ing. **F. Rapatz**, Düsseldorf. Mit 93 Abbildungen. (225 S.) 1925.
Gebunden 12 Goldmark

Die Werkzeugstähle und ihre Wärmebehandlung. Berechtigte deutsche Bearbeitung der Schrift „The heat treatment of tool steel" von **Harry Brearley**, Sheffield. Von Dr.-Ing. **Rudolf Schäfer**. Dritte, verbesserte Auflage. Mit 226 Textabbildungen. (334 S.) 1922.
Gebunden 12 Goldmark

Die Konstruktionstähle und ihre Wärmebehandlung. Von Dr.-Ing. **Rudolf Schäfer**. Mit 205 Textabbildungen und einer Tafel. (378 S.) 1923.
Gebunden 15 Goldmark

Die Schneidstähle. Ihre Mechanik, Konstruktion und Herstellung. Von Dipl.-Ing. **Eugen Simon**. Dritte, vollständig umgearbeitete Auflage. Mit etwa 550 Textabbildungen.
In Vorbereitung.

Metallfärbung. Die wichtigsten Verfahren zur Oberflächenfärbung von Metallgegenständen. Von Ingenieur-Chemiker **Hugo Krause**, Iserlohn. (210 S.) 1922.
Gebunden 7.50 Goldmark

Die elektrolytischen Metallniederschläge. Lehrbuch der Galvanotechnik mit Berücksichtigung der Behandlung der Metalle vor und nach dem Elektroplattieren. Von Direktor Dr. **W. Pfanhauser jr.** Sechste, wesentlich erweiterte und neubearbeitete Auflage. Mit 335 in den Text gedruckten Abbildungen. (854 S.) 1922. Unveränderter Neudruck. 1924.
Gebunden 25 Goldmark

Schrotthandel und Schrottverwendung unter besonderer Berücksichtigung der Kriegs- und Nachkriegsverhältnisse. Von Diplom-Kaufmann **Karl Klinger**. Mit 7 Abbildungen im Text und zahlreichen Tabellen. (220 S.) 1924.
8.10 Goldmark; gebunden 9 Goldmark

Das technische Eisen. Konstitution und Eigenschaften. Von Professor Dr.-Ing. **Paul Oberhoffer**, Aachen. Zweite, verbesserte und vermehrte Auflage. Mit 610 Abbildungen und 20 Tabellen. (608 S.) 1925.
Gebunden 31.50 Goldmark

Verlag von Julius Springer in Berlin W 9

Handbuch der Eisen- und Stahlgießerei. Unter Mitarbeit von zahlreichen Fachleuten herausgegeben von Dr.-Ing. **C. Geiger,** Düsseldorf. Zweite, erweiterte Auflage.
- I. Band: **Grundlagen.** Mit 278 Abbildungen im Text und auf 11 Tafeln. (671 S.) 1925. Gebunden 49.50 Goldmark
- II. Band: 1. Teil: **Formerei von Hand.** 2. Teil: **Formerei mit Maschinen.** Von **Carl Irresberger.** In Vorbereitung.

Die Formstoffe der Eisen- und Stahlgießerei. Ihr Wesen, ihre Prüfung und Aufbereitung. Von **Carl Irresberger.** Mit 241 Textabbildungen. (250 S.) 1920. 10 Goldmark

Die Herstellung des Tempergusses und die Theorie des Glühfrischens nebst Abriß über die Anlage von Tempergießereien. Handbuch für den Praktiker und Studierenden. Von Dr.-Ing. **Engelbert Leber.** Mit 213 Abbildungen im Text und auf 13 Tafeln. (320 S.) 1919. 16 Goldmark

Leitfaden für Gießereilaboratorien. Von Geh. Bergrat Professor Dr.-Ing. e. h. **Bernhard Osann,** Clausthal. Zweite, erweiterte Auflage. Mit 12 Abbildungen im Text. (66 S.) 1924. 2.70 Goldmark

Die Praxis des Eisenhüttenchemikers. Anleitung zur chemischen Untersuchung des Eisens und der Eisenerze. Von Professor Dr. **Carl Krug,** Berlin. Zweite, vermehrte und verbesserte Auflage. Mit 29 Textabbildungen. (208 S.) 1923. 6 Goldmark; gebunden 7 Goldmark

Lötrohrprobierkunde. Anleitung zur qualitativen und quantitativen Untersuchung mit Hilfe des Lötrohres. Von Professor Dr. **Carl Krug,** Berlin. Zweite, vermehrte und verbesserte Auflage. Mit 30 Textabbildungen. (81 S.) 1925. 3 Goldmark

Vita-Massenez, Chemische Untersuchungsmethoden für Eisenhütten und Nebenbetriebe. Eine Sammlung praktisch erprobter Arbeitsverfahren. Zweite, neubearbeitete Auflage von Ing.-Chemiker **Albert Vita,** Chefchemiker der Oberschlesischen Eisenbahnbedarfs-A.-G., Friedenshütte. Mit 34 Textabbildungen. (208 S.) 1922. Gebunden 6.40 Goldmark

Die Windführung beim Konverterfrischprozeß. Von Professor Dr.-Ing. **Hayo Folkerts,** Aachen. Mit 58 Textabbildungen und 34 Tabellen. (166 S.) 1924. 13.20 Goldmark; gebunden 14.10 Goldmark

Geschichte des Elektroeisens mit besonderer Berücksichtigung der zu seiner Erzeugung bestimmten elektrischen Öfen. Von Prof. Dr. techn. **O. Meyer.** Mit 206 Textfiguren. (195 S.) 1914. 7 Goldmark

Verlag von Julius Springer in Berlin W 9

Der Betriebs-Chemiker. Ein Hilfsbuch für die Praxis des chemischen Fabrikbetriebes. Von Fabrikdirektor Dr. **Richard Dierbach**. Dritte, teilweise umgearbeitete und ergänzte Auflage von Chemiker Dr.-Ing. **Bruno Waeser**. Mit 117 Textfiguren. (344 S.) 1921.
Gebunden 12 Goldmark

Physik und Chemie. Leitfaden für Bergschulen. Von Dr. **H. Winter**, Bochum. Zweite, verbesserte Auflage. Mit 128 Textabbildungen und einer farbigen Tafel. (169 S.) 1923.
3.30 Goldmark

Technische Chemie für Maschinenbauschulen. Ein Lehr- und Hilfsbuch für Maschinen- und Elektrotechniker, sowie für den Unterricht an höheren und niederen Maschinenbauschulen und verwandten technischen Lehranstalten. Von Professor Dr. **Siegfried Jakobi**, Elberfeld-Barmen. Zweite, ergänzte und verbesserte Auflage. Mit 101 Abbildungen. (168 S.) 1920.
3.60 Goldmark

Lunge-Berl, Taschenbuch für die anorganisch-chemische Großindustrie. Herausgegeben von Dr. **Ernst Berl**, Darmstadt. Sechste, umgearbeitete Auflage. Mit 16 Textfiguren und 1 Gasreduktionstafel. (350 S.) 1921.
Gebunden 9.60 Goldmark

Lunge-Berl, Chemisch-technische Untersuchungsmethoden. Unter Mitwirkung zahlreicher Fachmänner, herausgegeben von Ing.-Chem. Dr. **Ernst Berl**, Professor der Technischen Chemie und Elektrochemie an der Technischen Hochschule zu Darmstadt. Siebente, vollständig umgearbeitete und vermehrte Auflage. In 4 Bänden.
Erster Band: Mit 291 in den Text gedruckten Figuren und einem Bildnis. (1132 S.) 1921.
Gebunden 36 Goldmark
Zweiter Band: Mit 313 in den Text gedruckten Figuren. (1456 S.) 1922.
Gebunden 48 Goldmark
Dritter Band: Mit 235 in den Text gedruckten Figuren und 23 Tafeln als Anhang. (1393 S.) 1923.
Gebunden 44 Goldmark
Vierter Band: Mit 125 in den Text gedruckten Figuren. (1164 S.) 1924.
Gebunden 40 Goldmark

Landolt-Börnstein, Physikalisch-chemische Tabellen. Fünfte, umgearbeitete und vermehrte Auflage unter Mitwirkung von zahlreichen Fachgelehrten, herausgegeben von Professor Dr. **Walther A. Roth**, Braunschweig und Professor Dr. **Karl Scheel**, Charlottenburg. Mit einem Bildnis. In zwei Bänden. (1710 S.) 1923.
Gebunden 106 Goldmark

Die Entwicklung der chemischen Technik bis zu den Anfängen der Großindustrie. Ein technologisch-historischer Versuch von Professor Dr. phil. **Gustav Fester**, Frankfurt a. M. (233 S.) 1923.
7.50 Goldmark; gebunden 9 Goldmark

MIX
Papier aus verantwortungsvollen Quellen
Paper from responsible sources
FSC® C105338

If you have any concerns about our products,
you can contact us on
ProductSafety@springernature.com

In case Publisher is established outside the EU,
the EU authorized representative is:
**Springer Nature Customer Service Center GmbH
Europaplatz 3, 69115 Heidelberg, Germany**

Printed by Libri Plureos GmbH
in Hamburg, Germany